Oliver Thaßler

Neue Ideen zur erlebnisorientierten Vermittlung der Kultur- und Naturlandschaft

GRIN Verlag

Bibliografische Information der Deutschen Nationalbibliothek:

Die Deutsche Bibliothek verzeichnet diese Publikation in der Deutschen Nationalbibliografie; detaillierte bibliografische Daten sind im Internet über http://dnb.d-nb.de/ abrufbar.

Impressum:

Druck und Bindung: Books on Demand GmbH, Norderstedt Germany
ISBN: 978-3-640-88016-4

Dieses Buch bei GRIN:

http://www.grin.com/de/e-book/168583/neue-ideen-zur-erlebnisorientierten-vermittlung-der-kultur-und-naturlandschaft

Neue Ideen zur erlebnisorientierten Vermittlung der Kultur- und Naturlandschaft

Bericht zum Forschungsvorhaben „Neue Ideen zur erlebnisorientierten Vermittlung der Kultur- und Naturlandschaft" am Fachgebiet Ökonomie der Stadt- und Regionalentwicklung der Uni Kassel.

Bearbeitung:

Oliver Thaßler
Universität Kassel /Fachbereich 6/ Landschaftsplanung- Vertiefung: Landschaftsökologie

„Die weltgetreue Nachbildung der Welt hat auch die Funktion, den Untergang der realen Welt, des Originals, verschmerzbar zu machen....so wird dem Verlust von Weltdingen, der die Versäumnisangst seinerseits anheizt, durch die Produktion von elektronischen Substituten entgegengearbeitet."

(GRONEMEYER 1996)

Einleitung

Der Erhalt und der sorgsame Umgang mit den Natur- und Kulturlandschaften ist maßgeblich durch die Wertschätzung dieser durch den Menschen bestimmt. Seit Jahrzehnten ist man deshalb in der Umwelt- und Naturpädagogik bemüht, für die Natur zu sensibilisieren und zu begeistern. Doch das Interesse an Natur und Landschaft hat abgenommen. Die Gründe dafür sind mannigfaltig. Um auch die Landschaftserfahrung interessanter zu gestalten, wurden in angelsächsischen Raum Verfahren („Heritage Interpretation“) entwickelt, die wieder für Natur- und Kultur begeistern sollen. In Deutschland stehen Erfahrungen mit der Land - schaftsinterpretation noch am Anfang. Unter der Federführung von Prof. Dr. U. Hahne am Fachgebiet Ökonomie der Stadt- und Regionalentwicklung der Uni Kassel wurde der Frage nachgegangen, welche neue Ideen zur erlebnisorientierten Vermittlung der Kultur- und Naturlandschaft es gibt. Diese Arbeit leistet einen Beitrag dazu.

Nach einer Einführung zu Methoden der Landschaftsinterpretation wird das gesellschaftliche Umweltbewusstsein und- verhalten herausgearbeitet. Die daraus gewonnen Erkenntnisse entsprechen den Befunden zum Desinteresse an der Landschaft und dienen zur Ableitung von lebensstilgerechter Landschaftsinterpretation. Die Arbeit schließt mit neuen Ideen zur erlebnisorientierten Vermittlung der Kultur- und Naturlandschaft und skizziert finanzielle Möglichkeiten der Realisierung.

Inhaltsverzeichnis

Tabellen und Grafiken

1. Möglichkeiten und Vermittlung des Landschaftserlebens

Das Landschaftserleben ist die Wirkung einer persönlich wahrgenommenen Stimmung über die Landschaft. Die durch Gefühle, Informationen und Gedanken entstehenden Eindrücke werden durch Persönlichkeit, Werthaltungen, soziale Prägung, bisherige Erfahrungen, das Wissen und die aktuelle Verfassung des Erlebenden beeinflusst. Um ein optimales Landschaftserleben zu gewährleisten, muss nach WÖBSE (2002) eine positive Aktivierung aller Sinnesorgane möglich sein. An diesem Verständnis zeigt sich, dass das Landschaftserleben nicht auf bestimmte Ausprägungen von Landschaft reduziert bleibt, sondern sich Naturlandschaften, wie auch Kulturlandschaften mit ihren Stadtlandschaften dafür eignen. Forschungen kulturwissenschaftlicher und kunsthistorischer zeigen jedoch auch, dass Landschaft oftmals ein mentales Konstrukt ist, das als kognitive Landschaft mit gesellschaftlichen Werthaltungen belegt sind (STROHMEIER ET AL. 1999, AUGENSTEIN 2004, EISEL & KÖRNER 2006) . Das Erleben von Landschaft kann sich also auch auf der immateriellen Ebene abspielen. Gerade das technische Informationszeitalter mit der immer neuen Produktion von Bildern zeigt, dass virtuelle Landschaften, so z.B. in der Werbung einen hohen Stellenwert haben. Es ist jedoch anzuzweifeln, dass die sinnliche Wahrnehmung auf allen Ebenen bei Inszenierung von Bildern angesprochen wird.

Die Vermittlung von Landschaften, die zu einem angenehmen Erleben führt, sollte unter Mobilisierung der verschiedenen Sinne drei Ebenen berücksichtigen. Eine kognitive Ebene, die Wissen vermittelt und an Erfahrungen, Bildung und geistige Aufnahmefähigkeit des Einzelnen anknüpft. Eine affektive Ebene, die durch Inhalt und Methode bei den Teilnehmenden eine emotionale Begeisterung oder Betroffenheit im positiven Sinne hervorruft. Eine aktive Ebene, die den klassischen Dualismus der Wissensvermittlung zwischen Lehrenden und Lernendem verlässt, sondern das Erleben und die Erfahrung in den Kontext eigener Handlungen und Tätigkeiten stellt. Eine Methode, die eine erlebnisorientierte Vermittlung der Kultur- und Naturlandschaften ermöglicht ist die Landschaftsinterpretation (Heritage Interpretation).

2. Landschaftsinterpretation

Landschaftsinterpretation ist eine Technik der informellen Umweltbildung. Es ist die wissenschaftlich korrekte und methodisch- didaktisch wohlüberlegte Vermittlung von Informationen über die Landschaft und Ihre Elemente (KREISEL 1997). „Sie stellt das vor Ort erlebbare natürliche und kulturelle Erbe des Gebietes in den Vordergrund der Darstellung" (LEHNES & GLAWION 2000). Der Interpretations-Ansatz ist zunächst entwickelt worden, um Naturführungen in Nationalparks erfolgreicher zu gestalten. Er geht maßgeblich auf FREEMAN TILDEN (1957) zurück:

"Interpretation is an educational activity which aims to reveal meanings and relationships through the use of original objects, by firsthand experience, and by illustrative media, rather than simply to communicate factual information".

Diesem Ansatz folgend postuliert Tilden seine sechs „principles of interpretation“ :

1.Interpretation bleibt fruchtlos, wenn sie das, was präsentiert werden soll, nicht mit der Persönlichkeit oder den Erfahrungen des Besuchers in Beziehung setzt. Demzufolge ist die Vermittlung von Landschaften je effektiver, desto homogener und kleiner die Gruppen sind. Die Vermittlung sollte deshalb zielgruppenorientiert und altersspezifisch erfolgen.

2. Interpretation und Information sind nicht das gleiche. Interpretation ist eine Form der Enthüllung, die allerdings immer auf Fakten beruht. Die Kunst der Interpretation besteht also darin, ausgehend von den an den Standorten wahrnehmbaren Phänomenen interessante Geschichten zu entwickeln, die Wissen als Folge und nicht als Voraussetzung des Erlebens kreieren.

3. Interpretation ist eine Kunst, die verschiedene Fertigkeiten voraussetzt - ganz gleich, ob es um naturwissenschaftliche, historische oder andere Themen geht. Da Kulturlandschaften und auch die sich wieder zu Naturlandschaften wandelnden Gebiete sich über die Zeit als Ergebnis des Zusammenwirkens sozio- ökonomischer, kultureller und naturräumlicher Faktoren entwickeln (BMWFK 1995), müssen auch interdisziplinäre Kenntnisse vorhanden sein, um die Spuren, die Genese oder die Prozesse erlebbar zu machen.

4. Interpretation möchte den Besucher zu eigenem Denken und Handeln anregen, es geht nicht darum, ihn zu belehren. Interpreten unterstützen die Besucher darin, die wahrnehmbaren Phänomene zu deuten, im aktiven Handeln und Probieren die Qualitäten eines Ortes selbst zu erfahren und mit den dargebotenen Informationen zu verknüpfen. Interaktive Methoden sind deshalb besonders gut für Landschaftsinterpretationen geeignet.

5. Interpretation vermittelt Ganzheiten, nicht Teile. Interpretation nimmt den Besucher dementsprechend auch als ganzen Menschen wahr. Die Vermittlung soll also auf den Menschen eingehen und die verschiedenen Blickwinkel der Teilnehmenden, als auch des Interpreten berücksichtigen. Ein reduktionistisches Denken sollte vermieden werden, obgleich bei der Interpretation die verschiedenen Dimensionen der Landschaft zum Ausdruck kommen sollten. Darunter zählen landschaftsökologische, kulturelle und chronologische Dimensionen (vgl. EISEL U. KÖRNER 2006).

6. Interpretation für Kinder macht eigene Programme erforderlich. Sie darf nicht aus einer Modifizierung der Programme für Erwachsene bestehen. In diesem Postulat ist der unterschiedliche Erfahrungshorizont, die schon durch die Körpergröße andere Perspektive, die abweichende Begeisterungsfähigkeit und der unterschiedliche Bildungsstand von Kindern gegenüber Erwachsenen angesprochen. Angebote müssen diese Differenzen berücksichtigen.

Die Vermittlung der Landschaften erfolgt dabei durch personelle und mediale Formen und Kombinationen derselbigen.

2.1. Personelle Formen

Der Interpretationsgang, die freie Interpretation und die Kurzinterpretation gehören dieser Form an. Sie sind gekennzeichnet durch geringe Anfangsinvestitionen, eine persönliche, zeitintensive Betreuung von zumeist kleinen Gruppen.

2.1.1. Interpretationsgang

Ein Interpretationsgang ist eine an einer Leitidee ausgerichtete Führung innerhalb eines bestimmtes Raumabschnittes. Eine Leitidee kann z.B. die durch Landnutzung veränderte Landschaft gegenüber einer Naturlandschaft sein. Beim Gang durch verschiedene Landschaftstypen werden die Teilnehmenden ständig angeregt, das Beobachtete in Fragen zu formulieren und nach Spuren menschlicher Kulturnahme zu suchen. Der Interpret positioniert seine Botschaften als Reaktion auf die Teilnehmer und gibt somit einen Teil der Bearbeitung und Wissensaneignung an die Gruppe ab.

2.1.2. Die freie Interpretation

Die freie Interpretation ist besucherspezifisch und findet an einem bestimmten, meist stark frequentierten Ort statt. Dabei kann es in den sehr kurzen Gesprächen zu einem Austausch kommen, der nichts mit der Vermittlung von Leitideen seitens des Interpreten zu tun hat. Sinn ist jedoch das aufklärende und begeisternde Gespräch über den Ort, Ereignisse oder Objekte.

2.1.3. Die Kurzinterpretation

Die Kurzinterpretation gilt als die Grundform personeller Interpretation. Sie findet an einem Ort statt und soll die Reflexion eines Besuchers mit einem Objekte verstärken bzw. aufbauen. Dabei steht der Dialog von 10-15 Minuten im Vordergrund und nicht ein Vortrag über einen Sachverhalt.

2.2. Mediale Formen

Zu den medialen Formen zählen das Interpretationselement, der Interpretationspfad und der Interpretationsraum. Der Medieneinsatz, in festen Einrichtungen oft der Multivisuelle, steht im Vordergrund. Hohe Investitionskosten bei geringem Betreuungsaufwand kennzeichnen die medialen Formen

2.2.1. Das Interpretationselement

Es handelt sich dabei um fest installierte Medien, die als Anschauungsobjekt (Informationstafeln) oder auch als interaktive Installationen (Aktionselemente) errichtet werden können. Einfache Formen, den Besucher aktiv werden zu lassen, sind Klappen, unter denen sich Antworten auf Fragen verbergen, Blickrohre und Rahmen zum Durchsehen oder Audioelemente, die auf Knopfdruck Tonaufnahmen wiedergeben. Bei komplexeren Elementen kann der Besucher z. B. Dinge vergleichen und zuordnen oder Situationen verändern. Als Aktionselemente werden auch elektronische Medien - z. B. interaktive Computerprogramme genutzt. Besonders die Interaktion scheint besonders bei Jugendlichen beliebt zu sein (Nationalpark Jasmund). Das Segment von Computerspielen, die sich mit Landschaft auseinandersetzen ist noch weitgehend ungenutzt, aber zukunftsträchtig.

2.2.2. Der Interpretationspfad

Der Interpretationspfad hat einen unmittelbaren Bezug der einzelnen Stationen zum Besucher auf der einen und zum Interpretationsgegenstand auf der anderen Seite. Der Besucher folgt den Leitideen der Themenlinie eines Pfades in einer festgelegten Reihenfolge. Es gibt zwei Möglichkeiten, einen Interpretationspfad zu gestalten. Die einfachere und dezentere Form besteht darin, dem Besucher eine Broschüre zu geben, in der die einzelnen Stationen erläutert sind. Im Gelände finden sich nummerierte Markierungen, auf welche die Beiträge in der Broschüre Bezug nehmen. Bei der aufwendigeren Form setzt sich der Interpretationspfad aus einzelnen Interpretationselementen in Form von Navigationstafeln, Interpretationstafeln, Inszenierungen oder Aktionselementen zusammen. Der lebendige Wechsel dieser Elemente, insbesondere aber die ausgewogene Ansprache der Sinne, der Gefühle und des Verstandes der Besucher macht die Qualität eines Interpretationspfades aus. Interpretationspfade müssen von den Brennpunkten einer Einrichtung aus erreichbar sein. Sie können ihre Wirkung aber nur dann richtig entfalten, wenn der Besucher das Gefühl hat, auf dem Weg etwas besonderes entdeckt zu haben, was ihm ansonsten verschlossen geblieben wäre. Der Einsatz von internetgestützten Telefonen oder GPS- Geräten wird die Broschüren tendenziell ablösen, da die Informationen bei Vorhandensein lokaler Server auf den Handys selbst abgerufen werden können.

2.2.3. Der Interpretationsraum

In diesen Räumen sind Interpretationsgegenstände arrangiert oder auch installiert, die unabhängig von störenden Randeffekten zur Reflexion und Vertiefung einladen, z.B. ein historisch nachempfundenes Bauernzimmer. Der Besucher hat sodann das Gefühl eine andere Dimension zu betreten. Es kann sich dabei aber auch um einen Raum in der freien Landschaft handeln (Freilichtmuseum). Neu ist, das Betreten der Räume durch den Einsatz von Musik, an Wänden geworfenen Filmsequenzen oder als zukünftige Hologramme in die Landschaft oder den Ort zu projizieren.

3.Technische Möglichkeiten der Vermittlung (Mediale Formen)

3.1 „In home tours“

Für die inhaltliche Vor- oder Nachbereitung eines Landschaftsbesuchs werden Videos, Computerspiele und Simulationen benutzt. Dieser virtuelle Raum soll zum Einen den Wunsch nach Landschaft verstärken und z.B. einen Aufenthalt im reellen Raum hervorrufen und zum Anderen die informellen und emotionalen Eindrücke nach einem Aufenthalt in Richtung eines besseren Verstehens unterstützen (RISK 2000). Die Spiele oder die Videos werden dabei von in der Landschaft ansässigen „stakeholders“ vertrieben.

3.2. „Independent web interpretation“

Eine Möglichkeit der Modifizierung sind Angebote über das Internet und mittels neuerer Übertragungstechniken (UTMS) das Importieren von Informationen im Gelände selbst. Dazu sind anstatt von Stelltafeln mit Grafiken und Text kleine Hinweise mit den zugehörigen Internetadressen in den Landschaften zu finden. Dieses Verfahren hat zwei Vorteile: Erstens wird das landschaftliche Erleben nicht durch Informationstafeln gestört und zweitens unterbleibt die Pflicht ausgeliehene Geräte (mp3- Player, voice recorder, etc.) wieder zurückzubringen. Ein damit verbundenes Problem ist, dass die Verfügbarkeit der Informationen nicht raumdetailliert abrufbar ist. Dazu ist entweder eine Gliederung auf den homepages mit Codierungen erforderlich, die im Gelände wieder auffindbar sind oder der Einsatz von GPS- Geräten ist von Nöten (vgl. TRANSINTERPRET 2007).

3.3. „Touchscreens“

Sogenannte „touchscreens“ sind Bildschirme und Oberflächen, die auf Berührung mit der Hand reagieren. Sie sind im Aufbau ähnlich den Internetseiten mit „anklickbaren frames“ hinter denen sich weitere Ebenen und Informationen verbergen. Ihre Nutzung ist in Ausstellungszentren etabliert. Neu sind Ansätze, diese wettergeschützt und mit Solarbetrieb im Gelände zu positionieren oder sie in naturelle Elemente (z.B. Baumstamm im Nationalparkzentrum Jasmund) zu integrieren (http://www.heritage-multimedia.co.uk/), (http://www.point2explore.com/)

3.4. Modelle in 3D

Von klassischen Stelltafeln abgekommen werden in Landschaften, insbesondere in den USA plastische Modelle in der Landschaft installiert, um dem Besucher einen Blick aus der Vogelperspektive zu ermöglichen oder bestimmte landschaftliche Prozesse (z.B. Glaziale Serie in Norddeutschland) zu verdeutlichen (http://massproductioninc.com/).

3.5. „Audiobegleitung"

Eine schon klassische Methode ist die Begleitung eines Wandernden durch ein Audiogerät, dass entweder eine Geschichte erzählt, oder wie es sich in Museen bewährt hat, zu bestimmten Punkten eine Information bereit hält. Neu sind die Möglichkeiten, diese Geräte mit Aufnahmegeräten zu koppeln, um an markanten Punkten die Geräusche aufzunehmen und später im Rahmen einer Auswertung oder zu Hause zu interpretieren.
(http://www.acoustiguide.com/).

3.6. „Fotoshootings und focus changes"

Die Wahrnehmung der Landschaft erfolgt hier über einen veränderten Fokus. Das kann das Betrachten eines Organismus oder eines Landschaftsausschnittes mit der Lupe, dem Binokular, einer Röhre oder dem Fernglas sein. Das Auge wird für das Detail geschult und der Betrachtende kann den Ausschnitt später in einen größeren Sinnzusammenhang einordnen. Mit digitalen Fotoapparaten können viel Eindrücke eingefangen werden, später bearbeitet oder neu geordnet werden. Ein besonderer Reiz liegt darin auf Grundlage einer vorher formulierten Idee oder eines Themas auf Fotosafari zu gehen . Neue Möglichkeiten bestünden darin, die Bearbeitung, Modifizierung und Auswertung in sogenannten Freilandlabors zu arrangieren, wo nicht mehr Mikroskop, Lupenglas und Umweltkoffer, sondern Videoschneidegeräte, Bildbearbeitungsprogramme und Tonstudios Möglichkeiten der Vertiefung bieten.

3.7. Laseranimationen und Projektionen

Zur Hervorhebung bestimmter Landschaftsteile werden mit Hilfe von Laserprojektoren oder „Beamern" Bilder, Geschichten, Lichter oder Informationen als Text in die Landschaft geworfen. Diese können mit Lichtschranken gekoppelt sein oder mit touchscreens zu interaktiven Handhabung anregen (http://www.intervisionmedia.com/home.html).

3.8. Landschaften im Kopf

Die vielen internationalen Aktivitäten zeigen, dass dem Einsatz von Multimedia eine immer größere Rolle zukommt. Damit ist die Gefahr verbunden, dass die virtuellen Landschaften die reellen Landschaften ersetzten und die Besucher sich auf Zentren und häusliche Einrichtungen fokussieren, wo das Angebot besteht. Zur Nach- und Vorbereitung erfüllen die Informationszentren sicherlich ihren Wert. Die neuen Zugänge der Landschaftsinterpretation liegen auf einer Kombination von medialen Techniken als Begleitung oder Animation in der freien Landschaft und dürfen nicht dazu verleiten, die Besucher aus der Landschaft fern zu halten bzw. zu kanalisieren, wie dies in manchen Nationalparkkonzeptionen vorgesehen ist.

4. Das Umweltbewusstsein als Einflussgröße bei der personellen Form der Landschaftsinterpretation

Bei den personellen Formen der Landschaftsinterpretation ist der Interpret als verbindendes Element zwischen dem Ort oder der Landschaft und den Besuchern tätig. Die Art der Vermittlung ist dabei zumeist das Gespräch, ein Dialog, der im Besucher Fragen aufwerfen soll, die seitens des Interpreten beantwortet werden. Das nicht Sichtbare des Ortes durch Erzählungen, Fragen und Rollenspiele wieder zum Vorschein bringen, ist die Hauptintension. Der Rahmen der Vermittlung ist im besten Fall eine kleine Gruppe, die von Bildungs- und auch Alterstruktur in sich homogen ist. Das ist deshalb von besonderer Wichtigkeit, da die Bereitschaft und auch die Fähigkeit das Interpretierte heraus zu arbeiten und zu verstehen maßgeblich vom Umweltbewusstsein abhängig ist. Für eine erfolgreiche Landschaftsinterpretation bedarf es Konzepte, die spezifisch Lebensstiltypen und unterschiedlich ausgeprägtes Umweltbewusstsein berücksichtigen. Im Folgendem werden deshalb Determinanten des allgemeinen Umweltbewusstseins herausgearbeitet, um auf dieser Grundlage die spezifischen Anforderungen der personellen Vermittlung von Landschaft darzustellen. Diese Vorgehensweise ist deshalb von Wichtigkeit, da Verständnis nur dann erzeugt werden kann, wenn die Interpreten die Sprache der Besucher oder Interessierten wählen. Es ist die Aufgabe im Gespräch diesen genius aufzuspüren und sich sprachlich und didaktisch daran anzupassen. Das Wissen um Formen des Umweltbewusstseins sind demnach eine wichtige Voraussetzung für die erfolgreiche, zielgruppenorientierte Interpretation.

4.1 Umweltbewusstsein

4.1.1 Definition

Der Rat von Sachverständigen für Umweltfragen definiert Umweltbewusstsein als „Einsicht in die Gefährdung der natürlichen Lebensgrundlagen des Menschen durch diesen selbst, verbunden mit der Bereitschaft zur Abhilfe" (RAT VON SACHVERSTÄNDIGEN FÜR UMWELTFRAGEN 1978, S.445) und spricht damit die Wissensdimensionen und die Handlungsbereitschaft an. Aus dem psychologischen Lager kommt der Diskussionsansatz von M. MALONEY und M. WARD (1978). Sie begreifen Umweltbewusstsein als Einstellung, die sich aus einer affektiven, einer kognitiven und einer konativen Komponente zusammensetzt, die sie in vier Bereichen messen: Emotionale Betroffenheit, Wissen, Handlungsabsicht/ -bereitschaft und tatsächliches Verhalten (vgl. PREISENDÖRFER/FRANZEN 1996, S. 223, PREISENDÖRFER 1999). Die NEP-Skala (new environmental/ecological paradigm) der Soziologen R. DUNLAP und K. VAN LIERE (1978) fragt grundlegende Wertorientierungen, Vertrauen in Wissenschaft und Technik, Fortschrittsglaube und das Verhältnis zum Status quo ab. Umweltbewusstsein wird hier als das Verhältnis des Menschen zur Umwelt bestimmt (vgl. ebenda, S.224). Für PREISENDÖRFER und FRANZEN ist Umweltbewusstsein in drei Modulen zu erfassen; affektive und kognitive Einstellungsdimension (1), umweltbezogene Wertbasis und/oder umweltorientierte Handlungsbereitschaft (2) und Umweltwissen und Umweltverhalten (3) (vgl. ebd.225).

Auch BOLSCHO integriert die Verhaltenskomponente in seine Definition von Umweltbewusstsein, die sich zusammensetzt aus Wissen, Wahrnehmung im Sinne von Betroffenheit, Wertorientierungen, Verhaltensintention und Handeln (vgl. BOLSCHO 1995, S. 9). Neuere Ansätze (z.B. KUCKARTZ 2000, 1998, SCHUBERT 2000) trennen das Umweltbewusstsein vom Verhalten, was angesichts der Diskrepanz zwischen Umwelteinstellungen und Handeln sinnvoll erscheint. KUCKARTZ orientiert sich in seiner Definition an der von MALONEY/WARD, grenzt aber die Verhaltenskomponente aus (vgl. KUCKARTZ 2000, 1998, S.6), während er in früheren Texten das umweltgerechte Verhalten noch als Bestandteil des Umweltbewusstseins wertet (vgl. de HAAN/KUCKARTZ, 1998, 1996). Für SCHUBERT ist Umweltbewusstsein „Teil des individuellen Bewusstseins, der sich mit der Gestaltung des Verhältnisses der Menschen zur natürlichen Umwelt beschäftigt“ (SCHUBERT 2000, S.26), bestehend aus kognitiver, affektiver, konativer und normativer Dimension. Gemeinsam ist diesen Definitionen, dass Umweltbewusstsein als ein mehrdimensionales Konstrukt erklärt wird. Eine anerkannte wissenschaftliche Definition und standardisiertes Messverfahren zur Erhebung gibt es nicht, was teilweise bemängelt wird (vgl. z.B. BOGUN, S. 227, DIERKES/FIETKAU 1988, S.6).

4.2 Dimensionen des Umweltbewusstseins

In den verschiedenen Strukturmodellen wird Umweltbewusstsein durch kognitive, affektive, konative und/oder normative Dimensionen erklärt. Diese werden im Folgenden erörtert.

4.2.1 Kognitive Dimension

„Unter Umweltwissen wird der Kenntnis- und der Informationsstand einer Person über Natur und Umwelt, über Trends und Entwicklungen in ökologischen Aufmerksamkeitsfeldern verstanden.“ (KUCKARTZ 2000, 1998, S.5). Wissen um ökologische Prozesse und die Wirkung der hochindustriellen Lebensweise sollen Einsicht und Handlungsbereitschaft fördern. Empirisch zeigt sich aber ein geringer Zusammenhang zwischen Umweltwissen und umweltfreundlichem Einstellungen, für das verbalisierte Umweltverhalten ist der Zusammenhang sogar leicht negativ[1] (vgl. DE HAAN/KUCKARTZ 1996, S.113f). DE HAAN und KUCKARTZ kritisieren, dass diese Erkenntnis sich zu wenig in Umweltpolitik und Umweltbildung niederschlägt. „Zu wirksam scheint der ‚Mythos Aufklärung‘, als dass man von dem Glauben ablassen mag, durch Wissen und Rationalität ließe sich beim Einzelnen wie auch ‚gesellschaftlich‘ ein verändertes Verhalten durchsetzen“ (ebd. S.127). Das „Aufklärerische“ bei der Landschaftsinterpretation soll sich aber in einer Wertschätzung für den Gegenstand oder die Landschaft niederschlagen. Da gerade die Interpretation das Wissen als Folge und nicht als Voraussetzung für das landschaftliche Erleben betrachtet, kann auch über den Sinn des Interpretierten eine Wahrhaftigkeit des Einzelnen für die Landschaft entstehen.

[1] Dies ließe sich damit erklären, dass Personen mit umfangreicherem Wissen das selbe Handeln kritischer bewerten als weniger aufgeklärte.

Landschaftsinterpretation könnte vor diesem Zusammenhang geeigneter für die Herausbildung eines Umweltbewusstseins sein, als es die klassische Umweltbildung vermag. BOLSCHO dagegen kommt „zu dem Schluss, dass Wissen im Kontext mit Umweltbewusstsein nicht an den Rand bedrängt werden darf [...]. Irrationalität und Manipulierbarkeit wären die Folgen. Wissen als kritisches Wissen um Hintergründe und Interessen von Handeln muss das Ziel sein" (BOLSCHO 1995, S.12).

4.2.2 Affektive Dimension

Umweltbesorgnis und emotionale Betroffenheit bezeichnen die affektive Dimension des Umweltbewusstseins. Hierunter fallen Ängste, Empörung, Zorn, Gefühle der Hilflosigkeit und der Unsicherheit in bezug auf den Zustand der natürlichen Umwelt. Die Wirkung der emotionalen Betroffenheit auf umweltfreundliche Einstellungen und umweltfreundliches Verhalten ist etwas größer als die des Wissens, aber ebenfalls nicht von entscheidendem Einfluss[2], (vgl. DE HAAN/KUCKARTZ 1996, S.113). Betroffenheit im Sinne einer sogenannten Katastrophenpädagogik zu instrumentalisieren wird aber als kontraproduktiv bewertet, da dies Verdrängung und Abwehrmechanismen bewirken kann (vgl. BOLSCHO 1995, S.13). Im Zusammenhang mit der Landschaftsinterpretation ist eine positive emotionale Betroffenheit wünschenswert. Gerade weil die Landschaftsinterpretation emotional herausfordert und die Menschen animiert, das Spezifische des Ortes und der Landschaft „nachzuempfinden" kann auch von der „Heritage Interpretation" eine stärkere Wirkung auf umweltfreundliche Handlungen erzeugt werden.

4.2.3 Konative Dimension

Die Bereitschaft, sich umweltentlastend zu verhalten gilt als konativer Bestandteil des Umweltbewusstseins. In Erhebungen werden z.B. Verhaltensvorsätze, Kaufabsichten und Zahlungsbereitschaft abgefragt, deren Ergebnisse teilweise durch Effekte sozialer Erwünschtheit überlagert sein können. Experimente bestätigen diese Vermutung (vgl. SCHUBERT 2000, S.31, DE HAAN/KUCKARTZ 1996, S. 107).

PREISENDÖRFER und FRANZEN zeigen, dass die Handlungsbereitschaft abhängig von der Spezifität der Fragestellung und der wirtschaftlichen Lage ist. Je allgemeiner gefragt wird, desto größer ist auch die Zustimmung: So äußern 58% die Bereitschaft den Lebensstil zugunsten der Umwelt einzuschränken. Konkretisiert sich die Fragestellung, sinkt auch die Handlungsbereitschaft, insbesondere im Bereich der Mobilität; so sind nur noch 11% Prozent bereit, höhere Benzinpreise zu zahlen. Außerdem sinkt bei schlechter konjunktureller Lage die Bereitschaft zugunsten des Umweltschutzes den Lebenstandart zu senken (vgl. PREISENDÖRFER/FRANZEN 1996, S.221f). Da Handlungs- und Lernmuster durch den Interpreten beeinflusst werden, ist auch im bezug auf die soziale Erwünschtheit eine den Besuchergruppen angemessene personelle Besetzung zu geben.

---

[2] der Strukturkoeffizient liegt je nach Studie zwischen 0.20 bei Grob (1991) und 0.48 bei Langeheine und Lehmann (1986) (zitiert nach DE HAAN KUCKARTZ 1996, S. 112, 116).

Sinnvoll wäre die Umkehr des Paradox „Umweltverhalten und Umweltbewusstsein". Die Landschaftsinterpretation würde demnach nicht darstellen, welches gute oder schlechte Verhalten für die Landschaft angemessen ist, sondern würde aufzeigen, welche Landschaft und welche Leistungen der Landschaft für den Menschen wichtig und gut sind. Die Bewusstwerdung setzt an, wenn das Fehlende in der Landschaft als eigener Verlust der Lebensqualität erkannt wird.

4.2.4 Normative Dimension

Werte gelten als normative Basis des Umweltbewusstseins, sie wirken auf ökologische Einstellungen und die Handlungsbereitschaft ebenso wie auf den Lebensstil (vgl. de HAAN/KUCKARTZ 1996, S. 109). Nach SCHUBERT sind sie „handlungsleitende Instanzen" (ebenda 2000, S.29), für BOLSCHO dagegen sind „generalisierte Einstellungen als Prognosekriterium für Verhalten nur äußerst bedingt tauglich" (BOLSCHO 1995, S.15). Als sicher gilt die Erkenntnis, dass sich im Zuge des Wertewandels[3] umweltbewusstes Verhalten in Teilbereichen, bspw. der Mülltrennung, als soziale Norm etabliert hat und der sozialen Kontrolle unterliegt (vgl. REUSSWIG 1994, S.28).

Gleichzeitig ist nicht zu bestimmen, welche Wertorientierung aus der Nachhaltigkeitsperspektive als ökologisch besser zu bewerten wäre. Umweltfreundliche Verhaltenweisen lagern sich vielmehr aus unterschiedlichen Motiven an die Alltagspraktiken an. Zur Frage des ökologischen Lebensstils können nur komplexe Erfassungen, wie sie im Rahmen von „ökologischen footprints" bspw. am Wuppertaler Institut erstellt werden, wegweisend sein. Die Landschaftsinterpretation ist aber insofern als Instrument der Wertevermittlung geeignet, als dass sie über den Interpreten Werte der Landschaft aufzeigt und transportiert, aber auch der Interpret selbst seine Werthaltung begeisternd „vorleben" kann und damit handlungsmotivierend wirkt.

4.3 Determinanten des Umweltbewusstseins

Der überraschend geringe empirische Zusammenhang zwischen Wissen, Betroffenheit und Handlungsbereitschaft führt zu der Frage, wodurch Umweltbewusstsein bestimmt wird. DE HAAN UND KUCKARTZ sehen Umweltbewusstsein als kulturbedingtes Phänomen und analysieren drei Aspekte, nämlich Wahrnehmung, ferninduzierte Ängste und den Umgang mit Risiken in unserer Kultur (vgl. DE HAAN/ KUCKARTZ 1996, S.171), als weitere Determinante sind die Medien zu nennen.

[3] Rückgang der Dominanz von Pflicht- und Akzeptanzwerten, materialistische Wertorientierung wird durch postmaterialistische, wie Selbstverwirklichung, Hedonismus oder Erlebnisorientierung ergänzt.

4.3.1 Medien

Die allgemeine Aufmerksamkeit für Umweltverhältnisse und die Handlungsbereitschaft erhöht sich stets im Zusammenhang mit Katastrophenmeldungen wie Waldsterben, Tschernobyl oder BSE-Krise, insofern wird das Umweltbewusstsein durch die mediale Berichterstattung beeinflusst. Dies umso mehr, da die Möglichkeit zu Primärerfahrung in den meisten Fällen nicht gegeben ist (vgl. de HAAN/KUCKARTZ 1996, S.86ff). Gleichzeitig ist Werbung und auch die Inszenierung im Fernsehen von „schönen Landschaften“ getragen. Die medialen Formen der Landschaftsinterpretation sind deshalb auch gelungenen Formen der Werbung anzulehnen. Wenn Autos vor dem Hintergrund grandioser Landschaften ihre Qualitäten zum Besten geben, warum kann es dann nicht auch möglich sein, Besonderheiten und das Kulturerbe in ansprechenden Szenen zu vermitteln. Dahingehend besteht noch erheblicher Nachbesserungsbedarf.

4.3.2 Wahrnehmung

Umweltveränderungen erfolgen i.d.R. über einen längeren Zeitraum und sind daher nur bedingt sinnlich wahrnehmbar. Stattdessen wird die Wahrnehmung von Umweltproblemen und das daraus resultierende Umweltbewusstsein durch Massenmedien und einen „Pool kollektiv geteilter Meinungen“ (de HAAN/KUCKARTZ, S.174) beeinflusst. Die Autoren zeigen anhand mehrer Studien, dass in der subjektiven Wahrnehmung der Befragten die allgemeine Umweltbelastung sich in den Bereichen Lärm, Müll und Trinkwasserqualität verschärft hat, während der einzelne glaubt, in seinem unmittelbaren Umfeld habe sich die Situation verbessert. Gleichzeitig sinkt das Interesse an Informationen und der Wissensstand, je regionaler der Fokus gewählt wird (vgl. ebenda, S.175ff). D.h. Wahrnehmung und Bewertung von Umweltproblemen ist entfernungsabhängig; Ängste projizieren sich auf die Ferne, während Probleme vor der Haustür verdrängt oder umgedeutet werden. Dabei wird die eigene Wahrnehmung oft kontrafaktisch als richtig bewertet (vgl. ebd., S.182, auch BOLSCHO 1995, S.12ff). Positivistisch dient deshalb der regionale Fokus, den die Landschaftsinterpretation hat, zur Schärfung der Wahrnehmung vor Ort. Sie kann unter Herausarbeitung der Landschaftsdeterminanten die Voraussetzungen und Bedingungen für schönes und getrübtes Erleben herausarbeiten, damit Prozesse und Landschaft in Wert setzen und die verzerrte, entfernungsabhängige Wahrnehmung der Umwelt „mildern“.

4.3.3 Ferninduzierte Ängste

Gesundheitliche Probleme und eingeschränktes Wohlbefinden werden zunehmend als Folge einer verschmutzten Umwelt gedeutet; nach dem subjektiven Empfinden macht der aktuelle Zustand der Umwelt krank (vgl. DE HAAN/ KUCKARTZ 1996, S. 184f). Dies obwohl die individuell wahrgenommene Belastung im Nahbereich gesunken ist. Das heißt die Empfindlichkeit bezüglich der Naturzustände hat zugenommen.

DE HAAN UND KUCKARTZ deuten dies als kulturbedingte Agliophobie[4] und beziehen sich dabei auf eine Studie von MERSKY und SPEAR von 1967[5]. Danach sinkt die Schmerztoleranz, je weniger Erfahrungen - persönliche und beobachtete - mit Schmerzen gemacht werden und je kleiner die Familie ist, aus der man stammt. Da alle drei Parameter in unserer Kultur zu beobachten sind, vermuten die Autoren eine generell gesunkene Schmerztoleranz, welche die Aufmerksamkeit und Empfindlichkeit gegenüber Umweltproblemen erhöht. Verschärft wird diese Empfindlichkeit dadurch, dass die Ursachen für Umweltbelastungen in der Ferne verortet werden und sich damit dem eigenen Einfluss entziehen. „Umweltrisiken sind vor allem solche, die andere verursachen und die einem gerade deshalb soviel Sorgen bereiten" (DE HAAN/KUCKARTZ 1998,1996, S.195). Diese Erkenntnis fordert dazu auf, bei der Landschaftsinterpretation das Ästhetische und das Schöne herauszuarbeiten. Das Aufzeigen von Problemen und das Hervorrufen von Ängsten und Problemen wirkt kontraproduktiv. Dennoch können auch durch Geschichten aus der Vergangenheit Probleme der Ferne an den interpretierten Ort geholt werden. In einen Sinnzusammenhang eingeordnet, kann das Verhalten des Einzelnen oder der Gruppe auf den lokalen Ort wirken. Wenn die Gruppe im Gefühl an Einfluss gewinnt und z.B. ihren Kultureinfluss gedanklich oder spielerisch zur Geltung bringt, steigt auch die Fähigkeit Risiken und Gefahren für die Landschaft besser abzuschätzen und sie nicht mehr als das zu verorten, was andernorts von „den Anderen" gestaltet wird.

4.3.4 Risikobewertung

Einen weiteren Erklärungsansatz sehen die Autoren DE HAAN UND KUCKARTZ in der individuell unterschiedlichen Risikobewertung und beziehen sich dabei auf Ergebnisse der Risikoforschung. Die Risikoforschung versucht Erklärungen dafür zu finden, dass die selben Informationen unterschiedliche Reaktionen bei den Rezipienten auslösen. Das gegebene Beispiel bezieht sich auf die Befürwortung oder Ablehnung von Bürgern bezüglich des Baus einer Müllverbrennungsanlage (vgl. ebenda 197ff). Hierbei zeigt sich, dass die Wahrnehmungsmuster bestimmt werden durch das vorhandene Wissen, den sozialen und kulturellen Kontext, der Glaubwürdigkeit und dem Vertrauen in die Informationsquelle[6], Vorurteilen und Einstellungen sowie den Möglichkeiten der persönlichen Einflussnahme. Je geringer die Kontrollwahrnehmung und je größer das Gefühl den Zuständen ausgeliefert zu sein, umso höher ist die Risikobewertung. „Die Rezeption von Umweltthemen und ihre Verhaltensbeeinflussung ist immer schon abhängig von vorgängigen Einstellungen, wobei dem Vertrauen in die Informationsquelle eine erhebliche Bedeutung beigemessen wird. Wir wissen nicht, wie die Einstellungen zustande kommen, wissen aber, wie sie eingebettet sind." (ebenda., S.214).

---

[4] Agliophobie meint die Angst vor Schmerz.

[5] Mersky, H./ Spear, F.G. (1967): Pain. Psychological and Psychiatric Aspects.

[6] Nach der aktuellen Studie zum Umweltbewusstsein des Bundesministeriums für Umwelt, Natur und Reaktorsicherheit genießen Umweltschutzorganisationen in Umweltfragen das größte Vertrauen, gefolgt von Bürgerinitiativen, Verbraucherschutzverbänden und Umweltschutzbehörden, mit Abstand folgen dann Kirche, Gewerkschaften und die Industrie. Den politischen Parteien wird, mit Ausnahme von Bündnis90/die Grünen, in Umweltfragen mit Misstrauen begegnet (BMU 2005)

Wie Studien in den USA belegen, genießen „Heritage interpreter" (vgl. VEVERKA 1992) einen hohen gesellschaftlichen Stellenwert und besitzen große Anerkennung hinsichtlich ihrer Glaubwürdigkeit. Die Rezeption von Umweltthemen kann so über den Interpreten gelingen und angeregt werden.

4.4 Befunde zum Umweltbewusstsein

Das Umweltbewusstsein in Deutschland ist verglichen mit anderen Ländern hoch. Von Mitte der 80er bis Mitte der 90er Jahre wurde Umweltschutz hinter Arbeitslosigkeit und der wirtschaftlichen Lage als wichtigstes Thema bewertet, temporär überlagert von aktuellen Ereignissen wie Wiedervereinigung oder Golfkrieg (vgl. DE HAAN/KUCKARTZ 1996, S.85). Seit Mitte der 90er Jahr ist sowohl ein Rückgang in der Gewichtung der Thematik als auch das allgemeine Problembewusstsein gesunken, das allgemeine Niveau ist im internationalen Vergleich jedoch nach wie vor hoch (vgl. PREISENDÖRFER 1999, S. 46). Den relativen Bedeutungsverlust zeigt auch die repräsentative Studie vom Bundesministerium für Umwelt, Natur, Reaktorsicherheit (BMU); danach werden Arbeitslosigkeit, wirtschaftliche Lage, Sicherung der Rente und soziale Gerechtigkeit, aber auch Gesundheitsvorsorge und Schutz vor Verbrechen wichtiger als der Umweltschutz (BMU 2002, S.22) bewertet. Für SCHUBERT verweist diese Tendenz auf „den allgemeinen Widerspruch von Ökonomie und Ökologie (...). Das Umweltbewusstsein (...) nimmt immer dann zu, wenn die gesamtgesellschaftliche Entwicklung keinen aktuellen Anlass zur Sorge bietet, wächst hingegen der die gesamtgesellschaftliche Entwicklung betreffende Problemdruck, treten die ,Sorgen um den Umweltschutz' hinter diesen zurück – vorausgesetzt, die Medienberichterstattung wird nicht durch prägnante Umweltkatastrophen und –skandale dominiert" (SCHUBERT 2000, S.35).

DIEKMANN und FRANZEN zeigen, dass die Ergebnisse der Umweltbewusstseinsforschung abhängig vom Fragemodus sind; das Umweltproblem wird dann als wichtig eingestuft, wenn es auf einer separaten Rating- Skala gemessen wird, die Bewertung des Themas ist bereits deutlich niedriger, wenn es in Relation zu anderen Themen gesetzt werden soll, wird jedoch in einer offenen Frage nach wichtigen gesellschaftspolitischen Themen gefragt, so werden Umweltprobleme von weniger als 10% der Befragten genannt (vgl. DIEKMANN/FRANZEN 1996, S.221). Die Mehrheit der Bundesbürger sieht die Hauptverantwortung bei Politik und Wirtschaft. Über 90% halten die Bemühungen von Industrie und Politik für ungenügend (vgl. de HAAN/KUCKARTZ 1996, 1998). Es zeigt sich „ein Hang zum Delegationsprinzip: Härtere Gesetze und mehr politisches Engagement sollen die Umweltfrevel der anderen ahnden und verhindern" (ebd., S.78). Demgegenüber steht die geringe Akzeptanz für politische Maßnahmen wie bspw. Dosenpfand und Ökosteuer[7] und das geringe Vertrauen in die Politik (s.o.).

[7] Laut repräsentativer Umfrage lehnen 52% der Bundesbürger die Ökosteuer ab, nur 29% befürworten sie (BMU 2002, S.57)

Dennoch ist eine persönliche Handlungsbereitschaft zu verzeichnen: 58% der Befragten äußern die Bereitschaft, den eigenen Lebenstandart zugunsten der Umwelt einzuschränken, und über 60% wollen für Ökoprodukte höhere Preise zu zahlen, wobei die sogenannte Mehrpreisbereitschaft weniger von der Einkommenshöhe als von der allgemeinen Einstellung zum Umweltschutz abhängt (vgl. BMU 2002, S.81). Allerdings ist die Handlungsbereitschaft bereichsspezifisch unterschiedlich stark ausgeprägt, insbesondere im Bereich der Mobilität ist eine Fixierung aufs Auto und eine geringe Bereitschaft zum Umdenken festzustellen, aber auch das flächen- und verkehrsintensive Eigenheim wird nicht grundsätzlich in Frage gestellt, sondern bestenfalls in der Niedrigenergieversion gebaut (vgl. DE HAAN/KUCKARTZ 1996, S.81, 1998). Die Bekanntheit des Konzepts der Nachhaltigen Entwicklung ist zwar in der Tendenz steigend, mit 28%, die 2002 angaben, schon davon gehört zu haben, jedoch insgesamt niedrig (vgl. BMU 2002, S.31). Bemerkenswert ist die Tatsache, dass es zu einer Trennung von Umwelt und Landschaft in den Argumentationslinien kommt. Probleme in der Umwelt werden meistens nicht aus Ursachen der Landnutzung und Landschaft nicht als Ausdruck dieser verstanden. Da die Vermittlung von Landschaft auch Aussagen über Landnutzung und Landschaftswandel generieren kann, ist somit die Landschaftsinterpretation ein Bindeglied zwischen den „Problemen da draußen und der Landschaft hier“. Die Resultate der verschiedenen Umfragen sind allerdings stets unter dem Aspekt der sozialen Erwünschtheit zu interpretieren (vgl. DIEKMANN/FRANZEN 1996, S.226, WASERWA 1997, S.200).

5. Umweltverhalten

In der Literatur finden sich Begriffe wie umweltbewusstes, umweltgerechtes und ökologisches Verhalten. Gemeint ist ein Verhalten, dass im Vergleich zu anderen Handlungsalternativen im Ergebnis weniger umweltbelastend ist. Umweltverhalten ist mehrdimensional und erstreckt sich auf eine Vielzahl von Handlungsbereichen, wie Konsum, Ernährung, Freizeit, Verkehr oder Energie, aber auch auf indirekt wirksames Verhalten wie bspw. politisches Engagement (vgl. BRILLIG/KLEBER 1999, S. 283), in den meisten empirischen Studien wird dieser Bereich jedoch vernachlässigt.

5.1 Determinanten des Umweltverhaltens

DIEKMANN UND PREISENDÖRFER gehen davon aus, dass ein ausgeprägtes *Umweltbewusstsein* notwendige, aber nicht hinreichende Voraussetzung für umweltgerechtes Verhalten ist (vgl. ebenda 1992, S.248). Aus der Lebendstilforschung ist jedoch bekannt, dass sich umweltgerechte Verhaltensweisen aus unterschiedlichen Motiven an die Alltagspraktiken anlagern, ein starkes Umweltbewusstsein muss dafür nicht zwingend vorhanden sein (vgl. SCHUBERT 2000, S.76). Das Bild der bescheidenen Rentnerin steht idealtypisch für eine strikt ökologische Lebensweise, in der Umweltbewusstsein keine dominante Rolle spielt:

„Sie bezieht nur eine kleine Rente oder erhält Sozialhilfe, sie verlässt ihre Wohnung nur selten, sie ist nicht mobil, besitz nicht einmal einen Führerschein, geschweige denn ein Auto. Sie ist finanziell nicht in der Lage, Fernreisen per Flugzeug zu unternehmen, auch der Sonntagsausflug gehört bei ihr nicht zum Standart. Zum Einkauf nimmt sie stets ihre Einkaufstasche mit, sie benutzt keine Spraydosen, exotische Früchte sind ihr fremd. Sie hat ein manifestes Interesse zu sparen und achtet deshalb peinlich genau darauf, dass immer nur dort Licht brennt, wo es wirklich benötigt wird. Auch mit warmem Wasser geht sie sparsam um (...)" (KUCKARTZ 1998, S.84, vgl. KUCKARTZ 2000). Neben Sparsamkeit kann der derzeitige Gesundheits- und Wellneststrend, aber auch prestigeträchtiger Ökokonsum als Motor für ein umweltbewusstes Verhalten betrachtet werden. Umwelt- und Sozialorientierung als Gegenreaktion auf Anonymisierung und Globalisierung und mit dem Wunsch nach „unschuldigem Konsum" zu erklären, scheint dagegen eher zweifelhaft (vgl. KROPP/BRUNNER 2004, S.22).

DEGENHARDT hat in einer qualitativen Studie Motivation und Fähigkeiten sogenannter Lebensstilpioniere[8] untersucht und kommt zu dem Ergebnis, dass emotionale Betroffenheit und kognitives Erkennen als wesentlicher Antrieb für die Umsetzung eines nachhaltigen Lebensstils dienen. Weil sich die Landschaftsinterpretation um eine emotionale Betroffenheit im positiven Sinne bemüht und in der Folge kognitive Elemente festigen will, ist auch die Förderung nachhaltiger Lebensstile durch die Landschaftsinterpretation gegeben, solange es ihr gelingt Lebensstil, resultierende Landschaft und ein angenehmes, landschaftliches Erleben zu koppeln. DEGENHARDT bezeichnet eine Reihe von Kompetenzen als immanent für die Verwirklichung einer nachhaltigen Lebensweise: *Reflexivität* meint das Infragestellen des eigenen Handelns und die Fähigkeit zur optionalen Offenheit, also Routinen durchbrechen zu können. *Moralität* meint die Fähigkeit zum wertrationalen Handeln und die bewusste Wahl für Werte wie Solidarität und Gerechtigkeit, an denen sich das Handeln orientiert. *Eigenverantwortlichkeit* bedeutet eine hohe Kontrollwahrnehmung und ein Handeln, das sich bewusst und effektiv nachhaltig gestaltet. Angesicht der Komplexität der Nachhaltigkeitsproblematik ist außerdem die Fähigkeit zum *systemischen Denken*, zu *ganzheitlicher Wahrnehmung* und zur *Aneignung von Verfügungswissen* Vorraussetzung für eine umweltgerechte Lebensweise (vgl. DEGENHARDT 2002, S.35ff).

Nach LANGEHEINE/LEHMANN sind *Sozialisationsfaktoren* von Bedeutung für umweltfreundliches Verhalten. Wer in seiner Kindheit einen sorgsamen Umgang mit der Natur erlernt hat, wird sich später mit umweltfreundlichem Verhalten leichter tun, während ein späteres Umlernen von Routinen Schwierigkeiten bedeuten kann (vgl. LANGEHEINE/LEHMANN 1986, S.378). Ein positives Modellverhalten bekannter und geschätzter Personen, auch eines Interpreten, der wohlwollend und begeisternd vermittelt und als Vorbild, gerade bei Kindern auftritt, ist von Wichtigkeit wie auch die Verhaltensmuster und die Werte und Normen der sozialen Bezugsgruppe als Determinanten des Umweltverhaltens gelten (vgl. DEGENHARDT 2002, S. 31).

---

[8] Als Lebensstilpioniere bezeichnet er jene, die eine natur- und sozialverträgliche Lebensweise konsequent verfolgen.

Als weitere wichtige Determinante gilt die *Kontrollwahrnehmung*. Kontrollwahrnehmung meint die individuelle Einschätzung der persönlichen Einflussmöglichkeiten; also in wie weit Jemand glaubt, durch sein eigenes Handeln zur Be- oder Entlastung der Umweltsituation beitragen zu können. Sie ist „in wesentlichem Maße für (...) Handlungsentscheidungen in Bezug auf das situative Umwelthandeln von Bedeutung" (HAUENSCHILD 2002, S.90). Die Wirksamkeitseinschätzung gilt als wichtige Voraussetzung dafür, dass sich Handlungsbereitschaft im Handeln niederschlägt; Menschen handeln umweltbewusster, wenn sie glauben ihr Leben selber gestalten zu können (vgl. ebenda., S.91). Auch hier setzt die wichtige Rolle des Landschaftsinterpreten an, denn er ist zugeneigt, die Menschen in Ihrem Handeln zu reflektieren bzw. die Bedeutungsmomente ihres Handelns aufzuzeigen. Landschaftsinterpretation kann somit zum Katalysator der Wahrnehmung des eigenen nachhaltigen Lebensstils werden.

Die Theorie geplanten Verhaltens von AJZEN UND FISHBEIN (1977) wird zur Erklärung von Umweltverhalten vielfach herangezogen. Danach kann die *Handlungsintention* als eine Art Vorstufe des Verhaltens betrachtet werden. Wahrgenommene Verhaltenskontrolle[9], subjektive Norm und die Einstellung zum Verhalten wirken wechselseitig aufeinander und bestimmen die Handlungsintention (vgl. BOLSCHO 1995, S.20ff). Für DE HAAN UND KUCKARTZ hat auch die individuelle Vorstellung über die Stabilität von Ökosystemen Einfluss auf das Umweltverhalten. Die Landschaftsinterpretation dient der Schärfung der Sinne und der Wahrnehmung. Die Einschätzung von Ökosystemen und ihre Grenzen werden durch die Interpretation verbessert. Je nach dem wie die Belastbarkeit der Natur eingeschätzt, ob sie als „strapazierfähig", „in Grenzen tolerant", „unberechenbar" oder „empfindlich" (DE HAAN/KUCKARTZ 1996, S.269, vgl. HAAN/KUCKARTZ 1998) wahrgenommen wird, werden die Folgen von Eingriffen in die Natur bewertet. Handlungsentscheidungen, aber auch das habituelle Wohlbefinden werden davon beeinflusst (vgl. ebenda. S.268ff).

5.2 Empirische Befunde zum „klassischen" Umweltverhalten

Umweltverhalten wird bereichsspezifisch erhoben, klassischerweise getrennt nach abfall-, konsum-, energie- und verkehrsbezogenem Verhalten (vgl. PREISENDÖRFER 1999, S. 61). Im abfallbezogenen Bereich wird in erster Linie die Beteiligung am Recycling abgefragt, Müllvermeidung wird dem Einkaufsverhalten zugeordnet. Auf einem Index von 0-20 Punkten[10] liegt die Beteiligung am Recycling 1998 durchschnittlich bei 14,6 Punkten mit leicht steigender Tendenz. Altglas und Papier werden am meisten separat entsorgt (vgl. ebenda., S.62). Die Fragestellungen im Bereich Konsum beziehen sich überwiegend auf den Kauf von Lebensmitteln. Art und Umfang des Erwerbs von Textilien, Kosmetik, Einrichtungsgegenständen, Spielzeug, Elektronikartikeln oder auch die Inanspruchnahme von Dienstleistungen und sogenannten Erlebniseinrichtungen bleiben unberücksichtigt.

[9] Wahrgenommene Verhaltenskontrolle meint die Überzeugung einer Person, in der Lage zu sein, ein Verhalten durchzuführen.
[10] 0=nie, 20=immer

Insofern ist PREISENDÖRFERS additiver Index von 11,4 auf einer Skala von 0-20 (S. 63f) besonders aussageschwach. Weiterhin sind die ermittelten 24%, die angeben, sie würden „immer" Lebensmittel aus k.b.A.[11] kaufen, stark anzuzweifeln, wenn man sie mit den Marktanteilen ökologisch produzierter Lebensmittel vergleicht; dieser liegt unter 3% (KROPP/BRUNNER 2004, 2003, S.11). Die Erhebungen PREISENDÖRFERS ermitteln auch für die Bereiche Energie und Verkehr eine Verbesserung des Umweltverhaltens im Zeitraum von 1996 bis 1998 (vgl. PREISENDÖRFER 1999, S.69).

Demgegenüber stehen nationale Bilanzen, wonach die Mobilität weiter zunimmt und die durchschnittlich zurückgelegten Kilometer mehr werden, den größten Anteil daran hat nach wie vor das Auto, der emissionsintensive Luftverkehr nimmt zu, der Anteil des ÖPNV[12] am Gesamtverkehr dagegen ab. Der durchschnittliche Kraftstoffverbrauch ist seit 1975 nur geringfügig gesunken, leistungsstärkere Motoren und mehr zurückgelegte Kilometer kompensieren benzinsparende Technik. Ebenso sinkt der Energieverbrauch privater Haushalte trotz effizienterer Geräte nicht; der „Ökolavamat" verbraucht zwar weniger, dafür wäscht er scheinbar häufiger und steht neben Wäschetrockner, DVD-Player und Espressovollautomat Im Bereich des Abfalls gibt es trotz Recycling insgesamt mehr Müll, der Anteil von Recyclingprodukten wie bspw. Altpapier ist konstant (vgl. DE HAAN/KUCKARTZ 1998, 1996, S. 100f).

Die Gesamtstatistiken lassen zwar nicht unmittelbar auf das Verhalten der Menschen schließen, es wird aber deutlich, dass sich aus den Messungen zum Umweltverhalten keine Informationen zur Umweltbelastung ablesen lassen. Die Kritik an den sozialwissenschaftlichen Messungen zum Umweltverhalten ist vielstimmig. Die Methodik der Befragung zur Analyse von Verhalten gilt als problematisch, da auf diese Weise berichtetes Verhalten anstelle von tatsächlichem Verhalten gemessen wird, es ist zu vermuten, dass sich dadurch insbesondere Effekte sozialer Erwünschtheit im Ergebnis niederschlagen (vgl. DE HAAN/KUCKARTZ 1996, S.107). Die ausgewählten Fragen entsprechen einem Alltagsverständnis[13] von umweltgerechtem Verhalten, die vermeintlich objektiven Ergebnisse bleiben jedoch relativ, solange sie nicht die ökologischen Folgen des Verhaltens bilanzieren und vergleichbar machen. Hierfür wäre eine Gewichtung der einzelnen Handlungsbereiche nötig – die Art des Wohnens und Heizens, Beteiligung am Individualverkehr und Reisen mit dem Flugzeug fallen ökologisch stärker ins Gewicht als die Nutzung von Recyclingpapier oder Stoffbeuteln. BILHARZ schlägt vor, Konzepte wie den ökologischen Rucksack oder den ökologischen Fußabdruck in der sozialwissenschaftlichen Forschung zum Umweltverhalten zu verwenden (vgl. BILHARZ 2000, S.46ff).

---

[11] kontrolliert biologischer Anbau

[12] öffentlicher Personennahverkehr

[13] nach Bilharz ist das Alltagsverständnis ökologischen Verhaltens selektiv (es fokussiert auf einzelne Handlungspraktiken und lässt andere außer acht, ohne die ökologische Relevanz zu hinterfragen), spekulativ (folgt dem sogenannten Rezeptwissen aus Umweltratgebern)und nicht radikal (bezieht sich nur auf alltagstaugliche Handlungsmodifikationen, nicht auf Veränderungen auf struktureller Ebene) (vgl. Bilharz 2000, S.40ff).

Auch REUSSWIG sieht die Zusammenführung von Produktbilanzen und ökologisch orientierter Lebensstilforschung als sinnvoll an und bewertet die bisherige Anwendung als mangelhaft (vgl. REUSSWIG 1994, S.130). Umweltverhalten als ein, in Relation zu anderen Handlungspraktiken weniger umweltschädliches Verhalten zu beschreiben, sagt außerdem nichts über die tatsächliche Umweltverträglichkeit aus. SCHUBERT fordert daher, die sozialwissenschaftliche Handlungsforschung solle sich stärker an den im Rahmen der Nachhaltigkeitsdebatte generierten Bewertungsgrößen orientieren (vgl. SCHUBERT 2000, S.39) und auch de HAAN und KUCKARTZ begreifen Nachhaltigkeit als neue Perspektive für Umweltbewusstsein und Umweltverhalten. (vgl. DE HAAN/KUCKARTZ 1996, S 270ff).

5.2.1 Folgerungen aus dem Umweltverhalten für die Landschaft

Landschaft ist ein vielfältiger Aktionsraum, der zur Erholung gerne und häufig aufgesucht wird. Die Steigerung des Individualverkehrs mit viel zurückgelegten Kilometern entspricht der Tendenz, reizvolle Urlaubs- und Freizeitangebote in der Landschaft im Rahmen von „Kurztripps" häufiger aufzusuchen. Die Abnahme des Gebrauchs von ÖPNV deutet darauf hin, dass attraktive Landschaften und Orten oftmals nicht gut angeschlossen bzw. erreichbar sind. Die Zunahme des Luftverkehrs basiert auf den geringen Kosten für In- und Auslandsflügen, die Entwicklung des Urlaubsverhaltens geht in Richtung von kürzeren, häufigeren Reisen, als der klassische Jahresurlaub mit mehreren Wochen am Stück (vgl. http://www.diss.fu-berlin.de/2006/335/Kapitel5.pdf.) Darin liegt eine Chance der Profilierung von Orten im Bereich der Suburbanisierung, der sogenannten Zwischenstadt (vgl. Sieverts), wo die Landschaftsinterpretation regionale Qualitäten herausarbeiten könnte. Bei einer den Energieverbrauch und die Müllproduktion einschließende Betrachtungsweise steigt der „ökologische Fußabdruck" in Mitteleuropa an und das Konzept der Nachhaltigkeit scheint sich als nicht realistisch bzw. übertragbar herauszustellen. Obwohl innovative Konzepte zur Operationalisierung bestehen, weisen Einstellungen und Lebensstiltypen der Bevölkerung in andere Richtungen. Da Landschaft aber Mittelpunkt menschlicher Aktivitäten bleibt, ist auch die Landschaftsinterpretation gefordert, die Dimensionen der Nachhaltigkeit transparent zu machen. „Heritage Interpretaion" scheint im Bereich der Umweltkommunikation- und Bildung das überzeugendste Konzept für eine nachhaltige Entwicklung zu sein. Landschaft darf deshalb nicht zum Transfer- und Ressourcenraum verkommen, sondern muss in ihren kulturellen Werten zum Menschen transportiert werden. Wenn es gelingt Querverbindungen zwischen Lebensstil / Konsumverhalten und dem kulturellen Erbe / Ausprägung der Landschaft offen zu legen, könnte eine neue Wertschätzung der Landschaft resultieren, Landschaftsinterpretation ist ein Weg dorthin .

6. Handlungsbarrieren im Umweltverhalten

Die neuen Wohlstandsmodelle setzen explizit auf der Seite der Lebens- und Wirtschaftsweise an, die Potentiale einer technischen Entwicklung im Sinne von Effizienz- und Konsistenzstrategie stehen nicht im Vordergrund, was teilweise kritisiert wird (vgl. SCHUBERT 2000, S.91). Entwürfe, wie der des Wuppertaler Institutes, muten utopisch an, brechen sie doch mit den traditionellen Vorstellungen von Wohlstand und Fortschritt und reichen weit über das Alltagsverständnis einer umweltgerechten Lebensweise hinaus. Und schon zwischen diesem Alltagsverständnis und dem tatsächlichen Verhalten ist eine erhebliche Diskrepanz festzustellen. In folgenden Kapiteln werden Ansätze erläutert, die erklären, wodurch umweltgerechtes Verhalten blockiert wird und warum das Interesse an Landschaft gesunken ist.

6.1 Rational Choice/ Homo oeconomicus

Nach der Theorie rationalen Handelns ist Verhalten das Ergebnis situationsbezogener Entscheidungsprozesse. Das Menschenbild des homo oeconomicus / homo informaticus beschreibt einen Menschen, der stets seinen eigenen Nutzen zu maximieren sucht und aus den verschiedenen Handlungsalternativen die für ihn vorteilhafteste wählt. Dies tut er auf der Grundlage individueller Kosten-Nutzen-Überlegungen. Individuelle Präferenzen und vorgegebene Restriktionen bilden seinen Handlungsrahmen. Dabei sind Kosten und Nutzen nicht ausschließlich monetärer Art, soziale Anerkennung oder physisches Wohlbefinden gelten bspw. ebenfalls als individueller Nutzen. Aus dieser Sicht wird ein umweltgerechtes Verhalten nur dann wahrscheinlich, wenn es keine zusätzlichen Kosten verursacht oder individuellen Nutzen verspricht. Daher kann auch nicht überraschen, dass sich das hohe Umweltbewusstsein nicht im Verhalten niederschlägt, vielmehr stellt der Kauf im Bioladen die Ausnahme von der Rational-Choice-Regel dar, bedeutet er doch höhere Kosten. Ergänzt man die Theorie rationalen Handelns mit den Überlegungen zum Allmende-Dilemma, so wird umweltgerechtes Verhalten immer unwahrscheinlicher, bedeutet es doch auf individueller Ebene höhere Kosten oder einen Bequemlichkeitsverlust, während der Nutzen eines verbesserten Umweltzustandes zeitverzögert oder entfernt eintritt und nur unwesentlich durch die einzelne Handlung beeinflusst wird (vgl. SCHUBERT 2000, S.19f).
DIEKMANN hat das Homo-Oekonomicus-Modell am Beispiel der Stadt Bern empirisch überprüft und festgestellt, dass durch die Einführung volumen- und gewichtsabhängiger Abfallgebühren die Recyclingbemühungen der Haushalte gestiegen sind, was die Rational-Choice-Theorie bestätigen würde. Allerdings ist auch in Deutschland die Beteiligung an der Mülltrennung trotz fehlender finanzieller Anreize hoch. Er erklärt dies mit dem crowding-out-Effekt (FREY U. BUSENHARDT 1995), wonach externe Anreize die intrinsische Motivation schwächen oder zerstören und vermutet, dass eine durch externe Anreize erhöhte Selbstbestimmung die intrinsische Motivation verstärken würde (vgl. DIEKMANN, S.104). Danach würden eine ökologische Steuerreform oder ökologisch „wahre" Preise, die das Homo-Oeconomicus-Modell nahe legen, den Verlust einer freiwilligen Handlungsbereitschaft bedeuten; die Menschen fühlen sich eingeschränkt, gemaßregelt und „abgezockt".

DE HAAN UND KUCKARTZ kritisieren am Rational-Choice-Ansatz vor allem, dass die Frage nach der Herkunft individueller Präferenzen unbeantwortet bleibt. „Warum wollen wir über immer größere Autos mit immer mehr PS verfügen? (...) Eine Umweltpolitik, die auf das Kosten-Nutzen-Theorem setzt, wird sich in den Kampf mit einer neunköpfigen Hydra begeben: Kaum ist es gelungen, durch Anreize das Verhalten in die richtige Richtung zu beeinflussen, schon stellt man erschrocken die Nebenwirkungen oder das Nachwachsen neuer Präferenzen fest" (DE HAAN/KUCKARTZ 1996, S.229). Weiterhin geben sie zu bedenken, dass Verhaltenweisen überhaupt keinem rationalen Kalkül unterliegen könnten, sondern durch irrationale Faktoren oder Routinen bestimmt werden oder dass neben der Orientierung an egoistischen Zielen auch altruistische und gemeinwohlorientierte Motive auf das Verhalten wirken (vgl. ebd., S.227). BILHARZ wendet gegen den Rational-Choice-Ansatz ein, dass durch die sogenannten weichen Kosten-Nutzen-Kriterien das Modell tautologische Züge bekommt. „Verhalten wird nur im Nachhinein erklärbar, da die Präferenzen vollkommen subjektiv sind und nur vom Individuum gewusst werden" (BILHARZ 2000, S. 96).

6.2 High-Cost und Low-Cost

Die Differenzierung von High-Cost- und Low-Cost-Sektoren des Umweltverhaltens ist eine Ausdifferenzierung des Rational-Choice-Modells und geht auf DIEKMANN und PREISENDÖRFER (1992) zurück. Low-Cost meint geringe persönliche Kosten, also geringer Mehraufwand an Geld, aber auch Mühe oder Zeit für die umweltfreundlichere Verhaltensvariante. Die Bereiche Abfall und Einkauf rechnen die Autoren dem Low-Cost-Bereich zu. Verkehr und Energie gelten als High-Cost-Bereiche, die umweltgerechtere Handlungsalternative wird hier mit einem erheblichen Mehraufwand an Geld, Mühe oder Zeit assoziiert. Die Diskrepanz zwischen Umweltbewusstsein und Umweltverhalten ist im Low-Cost-Bereich geringer als im High-Cost-Bereich, d.h. Umweltbewusstsein wirkt sich dort aufs Verhalten aus, wo es keine größeren Unbequemlichkeiten bedeutet. Die Autoren interpretieren dieses Ergebnis als Kosten-Nutzen-Kalkül der Akteure (vgl. DIEKMANN/PREISENDÖRFER 1992, S.248ff). Low-Cost-Entscheidungen vieler Akteure können sich jedoch zu High-Cost-Resultaten bei dritten addieren, z.B. durch Boykottverhalten (vgl. DIEKMANN, S.115).

6.3 Allmendedilemma

Allmende bezeichnet ein gemeinsam genutztes Gut; Umweltgüter wie Luft, Boden oder Wasser haben einen solchen Kollektivgutcharakter. Auch diejenigen Akteure, die sich am Erhalt dieser Güter nicht beteiligen, kommen in ihren Genuss. Das Allmende-Dilemma besteht darin, dass der persönliche Nutzen unökologischen Verhaltens, bspw. einer Flugreise, sich sofort einstellt, während der Schaden zeitlich verzögert auftritt und von allen geteilt wird. Dagegen bedeutet umweltfreundliches Verhalten zumeist einen Verzicht auf Komfort und ist (teilweise) mit höheren Kosten verbunden.

Zusätzlich hat der sich umweltfreundlich Verhaltende die Folgen des unökologischen Handlungsweise anderer mitzutragen (vgl. DE HAAN/KUCKARTZ 1996; 2000). Somit kollidieren kurzfristige, persönliche Interessen mit langfristigen, gesellschaftlichen. Experimente zur Dynamik von Gruppenverhalten zeigen drei wesentliche Einflussfaktoren auf das kooperative Verhalten: Gruppengröße, Kommunikation und Horizonterwartung. Mit wachsender Gruppengröße sinkt die Bereitschaft zu kooperativem Verhalten, in kleinen und überschaubaren Personenkreisen ist die Wahrscheinlichkeit, dass im Sinne des Allgemeinwohls gehandelt wird, deutlich größer. Ebenso wirkt sich Kommunikation positiv aus. Für die Horizonterwartung gilt, dass mit den Erwartungen der Gruppenmitglieder über die Dauer ihres Verbleibs in der Gruppe auch die Kooperationsbereitschaft wächst (vgl. de HAAN/KUCKARTZ 1996, S.229). Die vermeintlichen Schlüssel zur Überwindung des Dilemmas, wie vertrauensbildende Maßnahmen, Kommunikation und eine sozial orientierte Wertbasis widersprechen aber der Vorstellung eines auf den Privatnutzen bedachten homo oeconomicus (vgl. BILHARZ 2000, S.96). Die Entflechtung des Dilemma kann zumindest temporär in den Momenten der Landschaftsinterpretation gelingen. Die Teilnehmenden werden möglichst in einer kleinen Gruppe in eine Thematik eingeführt, über die sie reflektieren und kommunizieren können. Vor dem Hintergrund kooperativen Verhaltens resultieren für die Landschaftsinterpretation folgende Handlungsprämissen:

- das Interpretierte sollte innerhalb einer kleinen Gruppe kommuniziert werden und ein Austausch der Eindrücke und eigenen Erfahrungen müssen in einen kommunikativen „pool" fließen
- ein Interpretationspfad im Sinne eines mehrstündigen Zusammenseins der Gruppe stärkt die Eindrücke und die Kooperationsbereitschaft (Horizonterwartung)
- das Erarbeiten einer gemeinsamen Position oder die Entschlüsselung einer gestellten Aufgabe erzeugt kollektives Bewusstsein und Verantwortlichkeit im Miteinander

6.3 Lebensstile

Moderne Gesellschaften sind durch ausdifferenzierte Lebensstile gekennzeichnet; soziale Ungleichheit ist nicht mehr ausschließlich am sozioökonomischen Status ablesbar, sondern Milieus grenzen sich heute auch auf horizontaler Ebene voneinander ab (vgl. REUSSWIG 1994, S 50 ff). Unterschiedliche Lebensziele und Wertorientierungen manifestieren sich in vielfältigen Lebensformen und Stilisierungen sowie im Konsumverhalten. Sie bestimmen neben den klassischen Merkmalen der sozialen Lagen (Alter, Geschlecht, Bildung, Einkommen, Beruf) die Zugehörigkeit zu sozialen Milieus (vgl. de HAAN/KUCKARTZ 1996, S.233). Lebensstile sind sinnstiftendes Selbstbild, sie dienen der Assimilation nach innen und der Distinktion nach außen. Sie können als soziale Bezugsgruppe verstanden werden, die als Vermittler zwischen Gesellschaft und Individuum dienen. In ihnen spiegeln sich Rollenerwartungen und Rollenverständnis von DAHRENDORFS Homo Sociologicus[14] wider (vgl. SCHUBERT 2000, S.23).

[14] Dahrendorfs Modell des Homo Sociologicus sieht den Mensch „als Träger sozial vorgeformter Rollen" (Dahrendorf 1977, S.20)

Daher gelten Lebensstile als eine wesentliche Determinante für die Ausprägung des Umweltbewusstseins und des Umweltverhaltens (vgl. REUSSWIG 1994, S.110). Sie bedürfen deshalb der besonderen Berücksichtigung, wenn es um Methoden und Formen der Landschaftsinterpretation geht, denn nur einer den Lebensstiltypen angepassten Interpretation wird es gelingen, für Landschaft und Kulturerbe zu begeistern, im Sinne von „Jemanden abholen, wo er/ sie steht".

Die Lebensstilforschung hat gezeigt, dass ein Wertewandel stattgefunden hat, allerdings nicht im Sinne INGLEHARDTS, der an die Ablösung materialistischer Werte und die Abkehr vom Massenkonsum durch postmaterialistische Orientierungen wie Selbstverwirklichung, Partizipation oder Hedonismus glaubte. Stattdessen sind postmaterialistische Werte neben die materiellen getreten, heute will man „Haben" und „Sein" (vgl. ebd., S.25ff). Ökologische Orientierungen und Verhaltensweisen sind für die meisten Lebensstile nicht konstitutiv; „Grundmuster sozialer Beziehungen werden offensichtlich von anderen Bedürfnissen und Zielvorstellungen beherrscht als von der Einsicht und der empfundenen Notwendigkeit, eine neue Praxis in Bezug auf die natürliche Umwelt zu entwickeln" (BOGUN, S.225). Stattdessen bestimmt die Gesellschaft des Massenkonsums und Leistungsdenken die Lebensstile. Die individuellen Akteure agieren in diesem System, insbesondere ihre Beschäftigungs- und Konsuminteressen sind darauf ausgerichtet (vgl. ebd., S.233). Auch Bilharz macht deutlich, dass Menschen in erster Linie soziale und ökonomische Ziele verfolgen, so dass umweltgerechtes Handeln eher zweitrangig ist (vgl. BILHARZ 2000, S.102).

Dennoch macht die Lebensstilforschung deutlich, dass sich umweltfreundliche Verhaltensweisen aus unterschiedlichen Motiven an die Lebensstilpraktiken anlagern. Ökologisch orientierte Verhaltenweisen lassen sich sowohl mit traditionellen Pflicht- und Akzeptanzwerten als auch mit Selbstverwirklichungswerten verbinden (vgl. SCHUBERT 2000, S.76). So können Verantwortungsgefühl und Aspekte des bewahren Wollens im konservativen Milieu, Sparsamkeit im kleinbürgerlichen, Konsumkritik im alternativen und der Trendaspekt im aufstiegsorientierten Milieu als Motivation für umweltgerechtes Verhalten dienen (vgl. REUSSWIG 1999, S.63ff). Damit bietet das Lebensstilkonzept Ansatzpunkte für zielgruppenspezifische Strategien zur Förderung umweltgerechter Lebensweisen, die Vermittlung derselbigen kann durch die Landschaftsinterpretation erfolgen (vgl. REUSSWIG 1994, S.128).

Als Erklärung für die Entstehung von Handlungspraktiken kann das Lebensstilkonzept allerdings nicht dienen; „Verhaltensweisen (...), die konstitutiv für die Zuordnung zu bestimmten Lebensstilen/Milieus sind, können nicht durch Lebensstilzugehörigkeit erklärt werden" (BILHARZ 2000, S.98). Dennoch verspricht der Lebensstilansatz, den subjektiv gemeinten Sinn von Verhaltensweisen, die Bedeutung des Konsums und die Wichtigkeit von Werten, auch für die Landschaft, gruppenspezifisch zu erfassen (siehe Kapitel 7).

6.4 Wohlbefinden

Ein psychologischer Erklärungsansatz für die Diskrepanz zwischen Umweltbewusstsein und Umweltverhalten und die Herausbildung von Verhaltenspräferenzen liegt im Wohlbefinden. Menschen treffen ihre Handlungsentscheidungen ihren persönlichen Präferenzen folgend und versuchen Störungen des Wohlbefindens zu vermeiden. Die Entstehung von Präferenzen lässt sich durch das Wohlbefinden erklären, die Erzeugung einer Atmosphäre des Wohlbefindens in physischer und psychischer Hinsicht ist deshalb bei der Landschaftsinterpretation von Nöten.

Allgemein wird zwischen aktuellem und habituellem Wohlbefinden auf psychischer und physischer Ebene unterschieden. Habituelles Wohlbefinden meint Stimmungen, Zufriedenheit und die Freiheit von Belastungen und ist von aktuellen Gefühlszuständen abzugrenzen. Umweltverhalten schließt an das habituelle Wohlbefinden an (vgl. DE HAAN/KUCKARTZ 1996, S.247ff). Mit Hilfe des Wohlbefindens lassen sich einzelne Verhaltensweisen, aber auch Verdrängungsstrategien und Ablehnung von Veränderungen erklären. So ist z.B. die Benutzung des Autos im Vergleich zum Fahrradfahren komfortabler, flexibler, schneller usw. Fahrradfahren ist zwar billiger und ökologischer, verspricht aber sonst wenig Vorteile vor allem hinsichtlich des Wohlbefindens und wird daher so wenig praktiziert (vgl. ebd., S.250f). DE HAAN UND KUCKARTZ erklären auch Verdrängungsstrategien im Umgang mit der ökologischen Krise mit dem Streben nach Wohlbefinden. Danach würde schon die *Frage* nach Umwelteinstellungen und Umweltverhalten die Vorstellung einer umweltgerechten Lebensweise implizieren, damit auf gegenwärtige Defizite und Fehlverhalten hinweisen und Unwohlsein auslösen. Da aber Umweltsorgen in erster Linie ferninduziert sind, sind problemabgewandte und defensive Bewältigungsstrategien erfolgreicher als aktive Verfahren, da sie weniger Frustration und mehr Bequemlichkeit bedeuten. Unterstützt wird diese These durch überwiegend negative Zukunftserwartungen[15]; wenn die Menschen keine Verbesserung der Lebenssituation erwarten, bedeutet die Vorstellung von Veränderung Unwohlsein und der Erhalt des Status quo verspricht mehr Zufriedenheit (vgl. ebd., S. 253f).

---

[15] Auf die Frage nach den Zukunftserwartungen äußerten 1992 50% der Befragten, sie glauben dass das Leben für die Menschen immer schwerer werden wird (Allensbacher Archiv, zitiert nach de HAAN/ KUCKARTZ 1996, S.254). Auf die Frage, ob die Aussage „Wenn ich an die Zukunft denke, bin ich eher zuversichtlich" stimmt, äußerten sich im Jahr 1998 46 % der Befragten mit „stimmt eher" und 30 % mit „stimmt eher nicht" (http://www.univie.ac.at/soziologie-statistik/multi/ZA3398.PDF). Für die Bereiche der Klimaerwärmung und der globalen Umweltverschmutzung gehen im Jahr 2000 gar 94% von einer problematischen Zukunft aus (http://www.diss.fu-berlin.de/2006/335/Kapitel5.pdf.)

6.5 Distanz

Insbesondere globale Umweltveränderungen zeichnen sich dadurch aus, dass zwischen Verursacher und jenen, die von den Folgen betroffen sind, eine zeitliche und/oder räumliche Distanz liegt. Damit geraten die ökologischen (und auch sozialen) Handlungsfolgen aus dem Gesichtskreis der Individuen. Die aus lerntheoretischer Sicht wichtige unmittelbare Erfahrung der Verhaltenskonsequenzen entfällt also (vgl. FUHRER/WÖLFING 1997, S.32). Zusätzlich sind Umweltveränderungen in der Regel nicht sinnlich wahrnehmbar, sondern sind meist medial vermittelt, was die subjektive Gewissheit der eigenen Erfahrung nicht ersetzen kann. Der Bezug zum eigenen Verhalten kann daher verdrängt oder verleugnet werden. Die Überbrückung von Distanzen ist eine Hauptforderung an die Landschaftsinterpretation, sie kann deshalb im Idealfall Verhaltenskonsequenzen provozieren.

6.6 Mangelndes Wissen

Im Bereich des Umweltwissens zeigt sich ein für die Umweltbildung bedeutungsschweres Gefälle; differenziert man Umweltwissen in Wissen über die Funktionsweise der Ökosysteme, das Ausmaß der Zerstörung, Ursachen sowie allgemeine und konkrete Handlungsalternativen, so lässt sich für die ersten drei ein guter bis sehr guter Informationsstand in der Bevölkerung feststellen. Landschaftszerstörung ist dabei jedoch ein kaum wahrgenommenes Problem (vgl. http://www.univie.ac.at/soziologie-statistik/multi/ZA3398.PDF).Das Wissen um allgemeine Handlungsalternativen wird dagegen als eher schlecht beurteilt; werden konkrete Handlungsalternativen abgefragt, ist der Kenntnisstand sogar mangelhaft (vgl. DEGENHARDT 2002, S.40). Menschen verhalten sich nicht umweltgerecht, weil sie ganz einfach nicht wissen, wie ein solches Verhalten aussehen könnte!

6.7 Strukturelle Barrieren

Neben den bisher genannten Erklärungsansätzen werden in der Literatur auch Handlungsbarrieren auf struktureller Ebene genannt. Dazu gehören fehlende Anreizstrukturen und eine fehlende ökologische Infrastruktur (vgl. SCHUBERT 2000, S.49). „Unsere umweltrelevanten Entscheidungsmöglichkeiten sind durch eine Vielzahl von (...) Zwängen beeinflusst. Langfristige Infrastrukturentscheidungen, die Dominanz unökologischer Verhaltensangebote und eine Vielzahl unökologischer Verhaltensanreize erschweren (...) ökologischeres Verhalten. Es wundert nicht, dass der ‚gute Wille' deshalb kaum zur Entfaltung kommt. Erschwerend kommt hinzu, dass bisher nicht über gesellschaftliche Normen und das marktwirtschaftliche System im Hinblick auf ihren Einfluss auf ökologisches Verhalten gesprochen wurde (...). So scheitert die Durchsetzung umweltfreundlicher Lösungen nicht selten am marktwirtschaftlichen Zwang zur Gewinnmaximierung." (BILHARZ 2000, S.91).

7. Relevanz von Altersgruppen und Lebensstiltypen für die Landschaftsinterpretation

7.1. Landschaftsinteresse bei Jugendlichen

Das Interesse von Jugendlichen im Alter zwischen 18 und 25 Jahren ist für Landschaft und Naturschutz kaum ausgeprägt, allerdings gilt diese Gruppe als materialistisch und erlebnisorientiert (vgl. DEUTSCHE SHELL 2002, SCHUSTER 2003). Schon hier deutet sich die Diskrepanz zwischen Umweltbildung und Bedürfnissen der Jugend aus. Die klassische Umweltpädagogik kann als gescheitert gelten, da die Integration jugendlicher Aktivitätsrhythmen bisher nicht gelang. Die Forderung an die Landschaftsinterpretation ist demnach eine erlebnisorientierte Komponente, die aktives und interaktives Spielen, Probieren, Handeln ermöglicht.

Die DEUTSCHE SHELL- Studie (2002) beschreibt vier „Typen von Heranwachsenden“, die sich in Selbstbewusste Macher, robuste Materialisten, zögerliche Unauffällige und pragmatische Idealisten gliedern. Dabei sind es besonders die letztgenannte Gruppe, die für Themen der Landschaft besonders empfänglich sind. Die Schulbildung dieser Gruppe, die aus den wohlsituierten Schichten des Bildungsbürgertums kommt, ist qualifizierter und wird stärker weibliche Schüler vertreten. Um Landschaft attraktiver zu machen und durch die Landschaftsinterpretation Interessenten zu gewinnen, scheinen deshalb auch Methoden von Nöten zu sein, die männliche Jugendliche mit einem geringen Schulabschluss ansprechen könnten. Als besonders empfänglich für die Vermittlung von Landschafts- und Naturfakten kann die Altersgruppe der 9-14 Jährigen beschrieben werden, für die ein Großteil der naturpädagogischen Konzepte erstellt wurde und hier als die „Jungen Entdecker“ bezeichnet werden (vgl. KALFF ET AL. 2001).Die Quellenlage zu Aussagen von Erlebniserwartung in der Landschaft und Bildungsstand von Jugendlichen ist jedoch sehr gering (vgl. SCHUSTER 2003, LUDE 2001). Auffällig ist jedoch, dass die Vermittlung von Landschaft durch Verbände im Natur- und Umweltschutz auf „klassischem Wege“ nicht mehr zu erzielen ist (SCHMIDT-JODIN UND BOPPEL 2002). Es bedarf also neuer Methoden zur Vermittlung und auch die institutionelle Ebene der Vermittlung muss hinterfragt werden. Da Landschaft auch ein kollektives Gut ist, dass viele Interessen und Bedürfnisse bündelt, kann es auch ein Interesse Vieler außerhalb der Naturschutzverbände sein, Kulturlandschaften zu vermitteln und dafür zu begeistern. Die Kooperation mit Wirtschaftsverbänden, Kultur- und Sportvereinen, Universitäten, Jugendklubs und Gemeindehäusern sollte deshalb verstärkt werden.

7.2. Landschaftsinteresse bei Erwachsenen

Das Aufsuchen von Landschaft zur Erholung oder Erlebniskulisse wird je nach Gruppenzugehörigkeit sehr unterschiedlich gehandhabt. SCHUSTER (2005) gebraucht zur Klassifizierung lebensstilabhängige Gruppen, die er Naturverbundene, häusliche Senioren, junge Stadtorientierte, Familiengebundene und Unabhängige klassifiziert.

Naturverbundene und häuslichen Senioren zeichnen sich demnach durch Attribute wie „Harmonie", „Schönheit" und „Ruhe" aus. Natur wird hier als soziale Komponente aufgefasst, die „mit anderen teilbar" (ebenda) ist und damit eine gute Voraussetzung des kooperativen Verhaltens in der Landschaftsinterpretation bildet. Die Landschaft und die Natur dient den Familiengebundenen als Ort der „Erholung", dabei sind auch die Anforderungen, die Landschaft und das Angebot in oder mit ihr an diesen Lebensstil stellt, auf entspannende Komponenten abzustellen. Landschaft oder Inhalte des Naturschutzes scheinen von minderer Bedeutung. Kognitive Elemente werden nicht so gerne angenommen, wie Angebote, die Emotionalität und Stimmungen wecken (vgl. RÖCHERT et al. 2006). Dagegen ist Landschaft für die Unabhängigen und jungen Stadtorientierten „eine Bühne für Herausforderungen" (ebd.). Hier überschneiden sich Aktivitäts- und Erlebnismomente der Jugendlichen zwischen 18-25 Jahren und den Unabhängigen. Bei Angeboten für diese Zielgruppen sind aktive und erlebnisreiche Programme zu entwickeln.

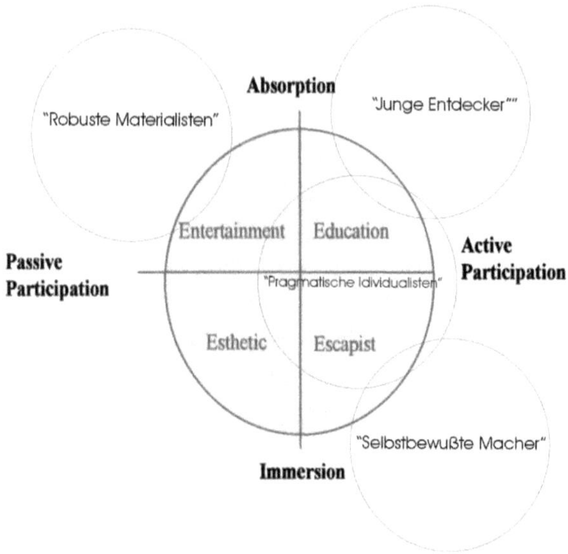

Grafik 1: Präferenzen von jugendlichen Lebensstilen in der Landschaft
(Grafik: O. Thaßler. Quellen: www.heitageinterp.com ; Deutsche Shell 2002)

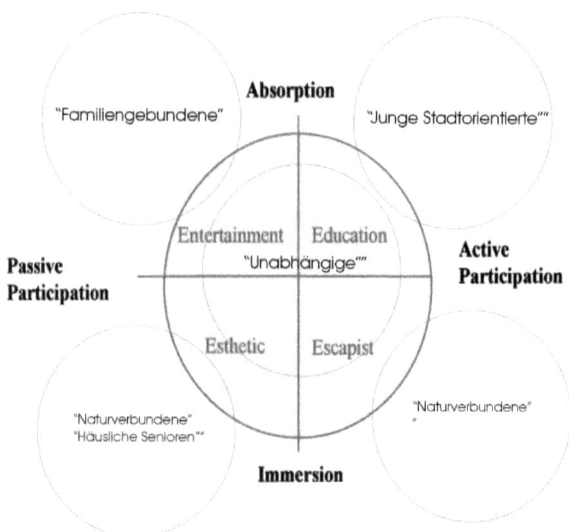

Grafik 2 : Präferenzen von erwachsenen Lebensstilen in der Landschaft
(Grafik: O. Thaßler. Quellen: www.heitageinterp.com ; Deutsche Shell 2002)

7.3. Lebensstilgerechte Landschaftsinterpretation

Bei der Konzeption und in der Entwicklung von neuen Ideen zur Vermittlung von Natur- und Kulturlandschaften müssen besucherspezifische Angebote gemacht werden, um Bedürfnisse von Besuchern nicht in einem „Diffusum" von Ideen erfüllen zu wollen. Zur Klassifizierung einer lebensstilgerechten Landschaftserfahrung ist es von Nöten die verschiedenen Dimensionen von Natur- bzw. Landschaftserfahrung darzustellen (vgl. LUDE 2005; VÖLLM 2006). Die Gruppe der „Pragmatischen Individualisten" und der „Unabhängigen" taucht zumeist in den Zuordnungen und in Tabelle 1 nicht auf, da diese Gruppen durch unspezifisches Verhalten gekennzeichnet sind.

7.3.1. Ästhetische Dimension

Die Natur oder Landschaft selbst ist das Wesentliche der Erfahrung. Es bedarf außer einer vielgestaltigen Landschaft, die für den Betrachter schön ist, keiner Lehrpfade, Beschilderungen oder Erläuterungen. Der Mensch erlebt in stiller Erholung das Landschaftliche und reflektiert die Sinneseindrücke im Inneren. Besonders empfänglich für diese Dimension sind die „Naturverbundenen" und „Häuslichen Senioren". Das klassische Beispiel dieser Form wäre der besinnliche Spaziergang.

7.3.2 Forschende Dimension

Die Landschaft wird in dieser Dimension zum Objekt einer bestimmten Fragestellung, zum Forschungsobjekt, dass einer Klassifizierung und einer Systematik unterliegt. Die Untersuchung kann einen spielerischen, freiendeckerischen Geist oder einer naturwissenschaftlich- systematischen Sichtweise folgen. Der Wissens- und Erkenntnisgewinn steht dabei im Vordergrund, nicht die sinnliche Erfahrung. Jugendliche der jüngeren Alterklassen, die „Jungen Entdecker", aber auch die „Jungen Stadtorientierten" sind die wesentlichen Träger dieser Dimension, sei es als komplementäres Erleben außerhalb der Stadt angelegt oder als Wissensdurst naturinteressierter Jugend. Ein typisches Beispiel dieser Form wäre das Beobachten und Bestimmen von Vögeln und Pflanzen.

7.3.3 Instrumentelle Dimension

Die Ressource, ob biotischer oder abiotischer Art, der Landschaft liegt hier im Fokus des Interesses. Die Naturerfahrung fußt auf dem Interesse und der Aneignung von Produkten der Natur. Die Beschäftigung mit den Pflanzen oder Tieren ist zumeist von der Ästhetik entrückt und basiert auf einem Nutzeninteresse. Vertreter dieser Dimension sind die „Robusten Materialisten", aber auch die „Familiengebunden", deren Wert der Landschaft sich aus einer materiellen oder auch geistigen Befriedigung ergibt, z.B. Landschaft als visuelle Ressource. Aktivitäten, die dieser Dimension zugeordnet werden, sind z.B. die Jagd, das Pilze, Kräuter und Blumen sammeln, der Gartenbau und die Forst- und Landwirtschaft.

7.3.4. Rekreative Dimension

Die Erholung erfolgt hier durch aktives Handeln in der Natur, dass es zu einer körperlichen oder emotionalen Erbauung des Einzelnen kommt. Die Tätigkeitsrhythmen- und arten sind dabei oft an die Landschaft angepasst (Mountainbike- Fahren im Mittelgebirge, Surfen an der Nord- oder Ostsee, Klettern und Skifahren im Hochgebirge). Passive rekreative Momente sind Erholungsarten in der Landschaft wie z. B. Camping. Dieser Dimension anhänglich sind besonders die „Selbstbewussten Macher“, auch die „Naturverbundenen“, die Familienverbundenen (eher passiv) und die innerhalb der anderen Dimensionen sich bewegenden „Unabhängigen“ und „Pragmatischen Individualisten“.

7.3.5. Gestaltend- Spielerische Dimensionen

Die Landschaft ist in dieser Dimension Kulisse und Ressource zugleich. Die Landschaft wird gestaltetet oder Materialien werden zum Bauen genutzt. Dabei kann es zu spielerischen Momenten wie dem Aufstauen von Bächen und dem Bau von Hütten aus Ästen kommen oder zu adulten Dimensionen der Landschaftsarchitektur, Gartenkunst oder Landart. Vertreter sind vor allem die „Familiengebundenen“, die „Robusten Materialisten“ und die „Selbstbewussten Macher“.

7.3.6. Mediale Dimension

Der Kontakt zur realen Landschaft ist kaum noch gegeben. Die Naturerfahrung wird durch Medien vermitteltet und suggeriert eine Erfahrung oder reale Bindung zur Landschaft. Der Kontakt zur Natur ist virtuell geworden, z.B. die Vermittlung der Natur über Filme, Bücher, Fotos und Computerspiele. Der Anteil der medialen Dimension am Naturerleben ist steigend und stößt besonders bei den Jugendlichen auf reges Interesse, eine Zuordnung für einen Lebensstiltyp ist insofern problematisch, da mediale Vermittlung sozial übergreifend Einzug gefunden hat. Nur die „Naturverbundenen“ und die „Häuslichen Senioren“ stehen den medialen Dimensionen skeptisch gegenüber Darin liegt aber auch eine besondere Schnittmenge, weshalb die mediale Vermittlung bei der Landschaftsinterpretation besonders für die Zukunft zu berücksichtigen ist.

7.3.7. Spirituelle Dimension

Die Landschaft wird hier als Medium zu einer anderen assoziativen Ebene, einer zweiten Natur oder Wesenhaftigkeit aufgefasst. Meditation oder spirituell- esoterische Handlungen sollen energetische Zustände hervorrufen, aus denen meist ein anthropozentrisch motiviertes Wohlbefinden entstehen soll. Wildnis und ursprüngliche Landschaften sind Hauptfixpunkt dieser Naturbewegungen. „Pragmatische Individualisten“, „Naturverbundene“ und „Unabhängige“ sind empfänglich für spirituelle Dimensionen der Landschaft.

	Erwachsene				*Jugendliche*		
Lebensstiltypen	**Häusliche Senioren**	**Naturverbundene**	**Familiengebundene**	**Junge Stadtorientierte**	**Robuste Materialisten**	**Junge Entdecker**	**Selbstbewusste Macher**
Landschaftsdimension							
Ästhetische D.	**X**	**X**					
Forschende D.				**X**		**X**	
Instrumentelle D.			**X**		**X**		
Recreative D.		**X**	**X**				**X**
Gestaltr.- Spielerische D.			**X**		**X**		**X**
Mediale D.			**X**	**X**	**X**	**X**	**X**
Spirituelle D.		**X**					

Tabelle 1: Matrix zu Präferenzen verschiedener Lebensstiltypen für landschaftliche Dimensionen
(Tabelle: O. Thaßler, Quellen: www.heitageinterp.com ; DEUTSCHE SHELL 2002, LUDE 2005; VÖLLM 2006)

7.4. Folgerungen für eine landschaftsbezogene Angebotsbasis

Werden die Befunde aus Tabelle 1 mit den Möglichkeiten der Landschaftsinterpretation korreliert (Kapitel 2.1; 2.2), ist ersichtlich, dass besonders personelle Formen der Landschaftsinterpretation sich dort eigenen, wo die forschende und die gestalterisch-spielerische Dimension der Landschaft bedient werden will. Das sind aber auch genau die Felder, die sich für den Einsatz von neuen, technischen Möglichkeiten (Multi- Media) anbieten. Das ästhetische Empfinden in der Landschaft, die ressourcenorientierte Suche in der Landschaft und rekreative Momente bedürfen nicht unbedingt einer Anleitung, einer interpretierenden Stimme, eines Hinweises oder einer Motivation. Es zeichnet sich aber auch ab, dass Edutainment (education and entertainment) an Bedeutung gewinnt. Doch dann kann sich ein „Interpreter" auf allen Ebenen bewegen, ob als Meditationslehrer, als Forschungsgruppenleiter, als Jagdleiter, als Kenner der spektakulären Orte oder als Spielanimateur. Für eine landschaftsbezogene Angebotsbasis wird zum Einen deutlich, dass „Familiengebundene" besonders viele Dimensionen der Landschaft „besetzen". Zum Anderen zeigt sich, dass die mediale Dimension in ihrer Grundform für alle Lebensstiltypen „interessant" ist. Neue Angebote der Landschaftsinterpretation haben mit einem Fokus auf mediale Formen für Familien durchaus gute Marktchancen (vgl. BORGGRÄFE 1998, DÖRING-SEIBEL 2001, MEGERLE 2003).

8. Neue Ideen zur erlebnisorientierten Vermittlung der Kultur- und Naturlandschaft

8.1. Landscape building

Der interaktive Zugriff auf Informationen und Austausch gehört zu einem bedeutenden Kennzeichen der heutigen Gesellschaft. Weitgehend unerschöpft ist die Möglichkeit der virtuellen Kreation oder auch der Möglichkeit, kulturelle Artefakte digital zu reproduzieren (second world, Siedler). Ein vielversprechende Synergie könnte darin liegen die Entstehung von Landschaft nachzuspielen und die Ergebnisse vor Ort anzuschauen. **Der jugendliche Spieler** hätte so das Gefühl der autonomen Landschaftsevolution und könnte daraus eine Wertschätzung für die Landschaft oder das Objekt entwickeln. Es könnte sich um eine Gelände handeln, dass zum Einen ein „game-house" besitzt und zum Anderen ein Außengelände, wo verschiedene Landschaftstypen zu finden sind. Das Computerspiel wäre so generiert, dass es zum Realen identische Landschaften zeigt. So könnte der Jugendliche die verschiedenen multiplen Ebenen der Simulation im Gelände wieder finden und zur realen Landschaft Assoziationen zum Gespielten aufwerfen. Die Inhalte des „landscape- building" können sich z.B. im Rahmen der Landschaftsgenese, des Kultureinflusses des Menschen, im botanischen und zoologischen Bereich bewegen.

8.2. Die bewegliche Enzyklopädie

Die Idee einer beweglichen Enzyklopädie, die mit unterschiedlichen Themen ausgestattet ist, kann je nach Zielgruppeninteresse abgefragt werden. Es handelt sich um eine Idee, die in Italien in Museen schon zur Anwendung kommt (vgl. BERTUGLIA ET AL. 1999). Die Inhalte können über Handgeräte (UTMS- Handys, portable mini- screens) oder fest installierte touchscreens abgerufen werden. Die Kombination und das freie Suchen und Finden der Informationen an einem Ort fördert Eigenverantwortlichkeit, weckt Interesse und bietet die Möglichkeit gemäß den spezifischen Interessen die Informationen zu kontextualisieren. In Museenlandschaften Südeuropas taucht der Gedanke auf, virtuelle Sammlungen anzulegen. Da viele Fundstücke einer Epoche, eines Platzes oder einer spezifischen Sammlung überall auf der Welt verstreut sind, bietet sich die Möglichkeit über Netzwerke und Datenbanken die Sammlungen zusammenzutragen. Diese Möglichkeiten der digitalen Rekonstruktion und Visualisierung (BERALDIN 2004) dürfte besonders **für ältere Generationen** von Interesse sein. So können Orte durch die Durchdringung mit Informationstechnologie zu Orten universeller Archive werden (vgl. EISENBEIS 1999, UENO 1996, HOOPER-GREEHILL 2000).

Es böte sich damit die Gelegenheit die Realität durch die Vervielfältigung von virtuellen Objekten auszudehnen, neue Formen von Erreichbarkeit und Wege der Kommunikation täten sich auf. Die Maximierung und Kombination von Informationen wird so zu persönlichen Pfaden, die sich gegenüber der Anonymität der klassischen Besucherlenkungen abheben. Dabei wirft sich nicht nur die Frage auf, wie Technologie vermittelnd zwischen Daten, Inhalten und den Besuchern wirken kann, sondern welche „persönliche" Rolle Technologie daneben noch hat oder haben sollte. Die technischen Geräte könnten z.B. eine persönliche, begleitende Form annehmen und mit den Besuchern kommunizieren (s. *Tamagoggi*). Die Rolle der Technologie in der Landschaftsinterpretation ist demnach eine Entwurfstechnologie, die dazu beiträgt, den Ort oder ein Objekt neu zu interpretieren. Da Entdeckerrollen geschaffen werden, kann sich ein Ort immer wieder aufs Neue personifizieren. So lautet eine Forderung, dass es neben den Realitäten auch die kreative Virtualität geben sollte (vgl. UENO 1996, BODO 2000). Informationstechnologien können dazu dienen, Wechselwirkungen zwischen der materiellen und immateriellen Dimensionen zu stärken. Neue Technologien sollten dabei in der Lage sein, emotionale Mechanismen im Menschen zu aktivieren. Dabei besteht das technologische Medium nicht nur als Informationstransmitter, sondern auch als Gefühlsvermittler. Für Homos informaticus wird die Technologie persönlicher, wenn sie Gefühle auszulösen vermag. Geschlechterspezifische Animationen sind aus diesem Kontext ableitbar. Für EISENBEIS (1999) ergibt sich aus dieser Mensch- Technik Beziehung nicht nur eine Gelegenheit, sondern auch ein Bedürfnis.

8.3 Emotionale Ressourcen

In Italien haben Gemeinden damit begonnen, Erinnerungen an Orte und Personen in einer lokalen Datenbank zu speichern. Diese werden dann generiert oder zu Themen „geclustert". Die Themen zum interpretierten Ort sind an einzelnen, elektronischen „Servern" abrufbar. Eingespeist werden die Eindrücke z.B. eines Landschaftsausschnittes von den Besuchern selbst. Auch hier ist der kreative Anteil unverkennbar. Der Besucher wird motiviert „selbst Geschichte zu schreiben", eine Möglichkeit die für die 25-40 jährigen attraktiv sein dürfte. Der Besucher setzt sich über die Kommentierung der Landschaft aktiv mit dem Ort auseinander und macht sich über die Werte der Landschaft bewusst. Durch das Abrufen bestimmter Themengruppen kann zudem eingesehen werden, was andere Menschen über den Ort dachten. Diese Form der Datenbank wird teilweise als Radio generiert, wo eine örtliche Gemeinschaft des Ortes dann über die emotionalen Ressourcen ihrer Gemeinde verfügen kann und diese in Form von Geschichtenerzählungen im Radio verbreitet oder zur Bewerbung ihres Ortes nutzt (s. http://www.url.it/muvi/).

8.4 Atmosphärenräume

Haben klassische Themenparks, Lehrpfade und Museen häufig eine Visualisierung von Informationen als Grundkonzeption, bestehen neuere Ansätze darauf, eine räumliche und akustische Atmosphäre zu schaffen, die den Besucher gleichsam in eine andere Zeit oder Welt befördert. Das kann im Außengelände passieren, wo auf weißen Spannflächen Geschichten, Ereignisse oder einfach Lichteffekte projiziert werden, ebenso und sphärischer gelingt dies in geschlossenen Räumen, wo ein visuell- akustisches Szenario noch intensiver gestaltet werden kann. Beispiel einer solchen Erzählung ist das Nibelungen- Museum in Worms. Die Reise durch das Museum wird durch eine Stimme, die das Nibelungenlied erzählt, begleitet. Durch Musik, Klänge und an den Wänden aufflackernden Bildern wird eine Mystik geschaffen, die durch dunkle Räume architektonisch unterstützt wird. Die Erzählung ist dabei schon allein durch die Raumaufteilungen und unterirdische Kammern mit 360 ^{O} Bildschirmen, die am Ende der „Schatzsuche" betreten werden können, getragen. Das Museum selbst avanciert zum Ort des Erlebnisses und kann unabhängig von den Informationen genossen werden (vgl. AUBER & HOGE 2001)

8.5 Landscape laboratories

Ausgehend von dem altertümlichen, sogenannten „Grünen Klassezimmer" und der Methodik des „Umweltkoffers" versuchte man in den 1970/80er Jahren vorrangig Schüler für Komplexe in der Landschaft zu begeistern (vgl. KALFFS 2001). Die sinnliche Erfahrung und die Erforschung von Natur und Landschaft ist besonders bei den Jugendlichen zwischen 9- 12 Jahren auch heute noch gefragt. Zur Verstärkung der sinnlichen Eindrücke sind Werkzeuge wie Horchmuscheln, Richtmikrofone, Riechboxen, Lupen, Ferngläser, Kameras und andere Aufnahmegeräte noch immer interessant. Neuere Zugänge beziehen sich auf die nachträgliche Verarbeitung das Aufgenommenen. In den Freilandlabors der Zukunft stehen neben den Mikroskopen die Anlagen zur filmerischen und tontechnischen Verarbeitung. Die Klänge der Natur werden neu inszeniert, kreativ verändert, gemixt und mit Filmaufnahmen und Photos zu Landschaftssequenzen, kleinen Filmen aneinandergeschnitten. Die Auseinandersetzung und Reflexion mit dem Rohmaterial, den Klängen und Bildern der Natur, wird geschult und auch der Umgang mit Landschaft sensibilisiert. Durch eine gute personelle Unterstützung können die Jugendlichen auf ihren tragbaren Abspielgeräten (Mp3-playern) die eingefangene Natur mit nach Hause nehmen. Auch im Bereich der Kunst wird Schülern die Gelegenheit gegeben, in der Landschaft erworbene Kenntnisse und Beobachtungen in Bildern, Tonarbeiten oder filmerisch umzusetzen. Die landscape laboratories verstehen sich als Kreativschmieden der Landschaft und vermögen künstlerische, wie auch naturwissenschaftliche Fertigkeiten zu fördern (vgl. http: //www.artic.edu).

8.6. Sensorische Objekte

Der Einzug von sensorischen Objekten, die Landschaft oder Teilbereiche dieser interpretieren, ist zu beobachten. Die sensorischen Flächen sind dabei wie im Nationalparkzentrum Jasmund auf Rügen in naturalistische Gegenstände, wie z.B. ein Baumstamm, integriert. Durch Berühren der Benutzeroberflächen werden Informationen akustischer und visueller Art eingespielt. Der Unterschied zu klassischen touchscreens ist die Integration in Gegenstände, die auf den ersten Blick nicht als „Info- Pult" wahrgenommen werden und dass die sensorischen Felder auch nicht unbedingt erkenntlich sein müssen. Werden diese an einem Objekt versteckt und darauf hingewiesen, dass dem Objekt eine bestimmte Anzahl an Reaktionen zu entlocken ist, so wird forschend und suchend am Gegenstand experimentiert. „Forschungs- und Entdeckungsmotivationen" können offen gelegt werden und übertragen sich im Idealfall in Aktivitäten am Objekt in der freien Landschaft. Derartige Sensorische Objekte werden im Epcot Center im Disney Park ("Experimental Prototype Community Of Tomorrow") angeboten oder auch im Museum of Science in Boston/ Nordamerika angewandt (vgl.http://www.mos.org). (http://disneyworld.disney.go.com/wdw/parks/parkLanding?id=EPLandingPage&bhcp=1)

8.7 Scanning history

Eine andere Variante multimedialer Einsätze bietet das Museum of American History /Smithsonian Institution (http://www.si.edu/). Im Museum und auf dem Außengelände befinden sich an den informativen Stellen Scanner. Mit der Eintrittskarte erhellt man eine Karte mit Strichcode, die von den Scannern gelesen werden kann. Nutzt man einen Scanner werden die Infos des Ortes gespeichert. Am Ende der virtuellen Reise durch die geschichtlichen Zeiten kann man sich die Infos ausdrucken, die während des Exkurses an den Stationen gesammelt worden sind. Der Reiz dieser Methode besteht in der persönlichen Zusammenstellung eines Exkursbandes und scheint durch den informativen Charakter besonders für ältere Teilnehmer von Reiz zu sein.

	Erwachsene				*Jugendliche*		
Lebensstiltypen	Häusliche Senioren	Naturverbundene	Familiengebundene	Junge Stadtorientierte	Robuste Materialisten	Junge Entdecker	Selbstbewusste Macher
Formen der Landschaftsinterpretation							
Landscape building			X	X	X	X	X
Bewegliche Enzyklopädie	X	X		X			
Emotionale Ressourcen	X						X
Atmosphärenräume	X		X	X	X	X	
Landscape laboratories		X	X		X	X	X
Sensorische Objekte			X	X	X	X	X
Scanning history	X	X				X	

Tabelle 2: Matrix zu Präferenzen von Lebensstilen für modern- mediale Formen der Landschaftsinterpretation
(Tabelle: O. Thaßler. Quellen: DEUTSCHE SHELL 2002, eigene Generierung und Bezeichnung von Interpretationsformen)

9. Edutain Landscapes

Die ländliche Kulturlandschaft als Erholungsraum und als Gegenpol zur städtischen Natur ist ein wichtiger Bestandteil kulturellen Lebens. In der subjektiven Befindlichkeit des Einzelnen drückt sich über Erfahrungen, Erwartungen, Bedürfnisse und Werthaltungen ein Verhältnis zur Landschaft aus. Dieses Verhältnis wird maßgeblich über das Landschaftsbild als ästhetisch- symbolisch interpretierte Erscheinung der Landschaft gebildet. Dieser Bildebene liegt die reale Landschaft mit ihren diversen landschaftlichen Komponenten wie Relief, Vegetation, Architektur, etc. zugrunde (vgl. NOHL 2001, ROTH 2006). Der Reiz einer Landschaft liegt auch in ihrer Vielgestaltigkeit und den diversen Randeffekten, die sich aus unterschiedlichen Landnutzungen ergeben (Marks et al. 1992). Für ein landschaftliches Erleben der Zukunft ist es wichtig, gerade im Sinne von Lebensstilgruppen der Naturverbundenen und Häuslichen Senioren, die Vielfalt und Eigenarten der mitteleuropäischen Kulturlandschaften zu pflegen, und auch im Sinne der Erholungsvorsorge weiter zu entwickeln.

Tendenzen in den Alltagspraktiken der Bevölkerung und Befunde zum Umweltbewusstsein und –verhalten deuten aber auf einen gesellschaftlichen Wandel. Landschaft wird zwar immer bemüht, wenn es z.B. um die Vermarktung von Produkten geht, Primärerfahrungen in der Landschaft werden aber im Zeitalter des medialen „Ammusements" in vielen Fällen nicht mehr gemacht. Gleichzeitig sinkt das Interesse an Informationen und der Wissensstand über die Umwelt, je regionaler der Fokus gewählt wird, daraus erklärt sich auch das Einheimische für Umweltbildungsangebote vor der Haustür oftmals reserviert sind (vgl. KUCKARTZ 2000). Der beobachtete Wertewandel ist: Rückgang der Dominanz von Pflicht- und Akzeptanzwerten, materialistische Wertorientierung wird durch postmaterialistische, wie Selbstverwirklichung, Hedonismus oder Erlebnisorientierung ergänzt. Das bedeutet, dass auch der in der Landschaft Erholungssuchende nicht vordergründig auf ästhetische Erlebnisse orientiert ist, sondern genießen und erleben möchte. Entscheidungen, Angebote in der Landschaft wahrzunehmen, leiten sich nicht selten auf der Grundlage individueller Kosten-Nutzen-Überlegungen ab. Individuelle Präferenzen und vorgegebene Restriktionen bilden dabei den Handlungsrahmen. Dabei sind Kosten und Nutzen nicht ausschließlich monetärer Art, soziale Anerkennung oder physisches Wohlbefinden gelten ebenfalls als individueller Nutzen. Besuche in der Landschaft sind deshalb auch mit Überlegungen zu den auftretenden Kosten wie z.B. für Freizeiteinrichtungen und auch Kosten für die Mobilität verbunden. Die Sozialforschung konnte feststellen, dass im Bereich des Individualverkehrs Aufwand und Häufigkeit der individuellen Kurzreisen steigt. Fehlende infrastrukturelle Anbindungen für bestimmte Landschaftsausschnitte dürften auch als Hemmnis angesehen werden, wenn es um den Aufenthalt in der ländlichen Kulturlandschaft geht. Ausgehend von einer Bereitschaft der Bevölkerung mehr Geld für Ökoprodukte zu zahlen, ist auch durch das hohe Ansehen von Umweltverbänden durchaus damit zu rechnen, dass einkommensunabhängige Beträge für Bildungsstätten der Landschaft gezahlt werden.

Der klassische Lehrpfad mit einer Beschilderung über die Tier und Pflanzen hat jedoch ausgedient, zumal die Didaktik des Lernens darauf verweist, dass ausschließliches Lesen von Inhalten nur mäßige Lernerfolge bringt. Die Menschen wollen heute in der Landschaft unterhalten werden und dabei spielend- gestalterisch lernen. Der Begriff des „edutainment" trifft dieses Bedürfnis am Ehesten.

Edutain –landscapes besitzen deshalb zum Einen eine attraktive Landschaft, eine gut ausgebaute Infrastruktur mit wohl strukturierten Wegen, Straßen und einem gastronomischen Angebot und Interpretationsangebote. Diese können personeller Art sein und dabei Besonderheiten , Eigenarten und mystisches Wissen transportieren. Die personelle Form, die weiter Bestand haben wird, ist in der Zukunft wahrscheinlich stärker in ein Netz multimedialer Interpretationsmöglichkeiten eingebunden. In dem Maße, wie sich Technik und Natur synthetisieren, wird auch der Wunsch nach vertrauter Technik in der Natur größer. Besonders die Jugend wächst heute mit anderen technischen Kommunikationsmöglichkeiten auf. Den Sinn für die reale Natur über die virtuell- medialen Konglomerate der „heritage interpretation" zu wecken ist zukunftsträchtig. Beispiele aus verschiedenen Ländern liegen dazu vor (s. Kapitel 8). Im Ansatz muss es darum gehen multiple Interpretationsobjekte zu schaffen, die Möglichkeiten des Spielens, der akustischen und visuellen Informationsdarstellung, der Archivierung und der Quellenfunktion beinhalten. Die Objekte sind damit für diverse Lebensstiltypen nutzbar und können zum interaktiven Begleiter in der Landschaft werden. Was in Computerspielen (Second world) heute schon Wirklichkeit ist, wird vielleicht auch einmal später für Landschaften relevant sein: Zu Beginn einer Exkursion kreiert man/sie sich einen virtuellen männlichen/ weiblichen Begleiter nach Geschmacksvorlieben zu Stimme und Aussehen und lässt sich dann durch ein Gelände führen und die interessanten Orte zeigen. Demographische Entwicklungen der Überalterung unser Gesellschaft und Tendenzen der Vereinsamung lassen solche Visionen dann durchaus realistisch und sinnvoll anmuten.

10. Kostenbeispiele für mediale Formen der Landschaftsinterpretation

Die Kosten für das Erstellen eines Interpretationspfades, - objektes oder – raumes sind je nach Größe und Ausstattung sehr unterschiedlich zu bemessen. Neben einem Areal und Gebäuden, die meist zur Verfügung stehen müssen, kommen hohe Preise für technische Ausstattungen hinzu. Obere Preisgrenzen gibt es faktisch nicht. Abhängig von der Auswahl und Kombination der Multimediageräte werden Preisspannen von 2000- 50 000 Euro erreicht. Die folgende Aufstellung (in Euro) kann deshalb nur Richtwerte im mittleren Marksegment wiedergeben. Im Anhang befinden sich einige Produktvorstellungen und Preislisten der Händler.

Beamer:	900	-	4000
Touchscreens	500	-	3000
Terminals/ surf stations	1000	-	6000
Projektionskameras	2000	-	5000
Smart Boards	5000	-	10 000
3-D Diaprojektoren	2000	-	15 000
3-D Videoprojektoren	4000	-	20 000
Multiple Abspiel und Aufnahmegeräte	10 000	-	20 000
3 -D Complete Prospektions Systeme	17 000	-	50 000

Für eine ansprechende Aufbereitung ist realistisch ein Beitrag von mindestens 50 000 € anzusetzen. Für ganze Museen und Gelände ab 1ha Größe dürften minimal 4- fache Beträge anfallen.

11. Literatur

ALLEN, P.K. ; TROCCOLI, A.; SMITH, B. ; MURRAY, S. ; STAMOS, I. & M. LEORDEANU (2003):New Methods for Digital Modeling of Historic Sites," IEEE Computer Graphics and Applications, Nov./Dec. 2003, pp.32-41.

ALDERSON, W. & S. PAYNE LOW (1980): Interpretation of Historic Sites. American Association for State and Local History

AUBER, O. & B. HOGE (2001), The book of the anonymous poet: guide of the Nibelungen Museum. Paris-Worms: A+H/Nibelungenmuseum.

AUSTRALIA AND HERITAGE COMMISSION (2002): Ask First (2002): a guide to respecting Indigenous heritage places and values, Australia and Heritage Commission

AUSTRALIA ICOMOS /Charter for places of cultural Significance (1999): The Burra Charter.

AUSTRALIAN HERITAGE COMMISSION (2001): Successful Tourism at Heritage Places: A Guide for Tourism Operators Heritage Managers and Communities

BILHARZ, M. (2000): „Gute Taten“ statt vieler Worte? Über den Stellenwert ökologischen Handelns. Hamburg: Krämer.

BECKER, C. (2000): Freizeit und Tourismus in Deutschland - eine Einführung. In: Institut für Länderkunde (Hrsg.): Nationalatlas Bundesrepublik Deutschland. Heidelberg, Berlin, S. 12 - 18.

BECK, L, CABLE, T. (1998) Interpretation for the 21st Century: Fifteen guiding principles for interpreting nature and culture. Sagamore Publishing.

BERALDIN, J.A. (2004): "Integration of Laser Scanning and Close-range Photogrammetry – the Last Decade and Beyond," Proceedings of the XXth ISPRS congress, Commission VII, Istanbul, Turkey, July 12-23 2004, NRC 46567, pp. 972-983.

BERNARDINI, F. ;MARTIN, I.M. ; RUSHMEIER, H. (2001): High-quality texture reconstruction from multiple scans. IEEE. Transactions on Visualization and Computer Graphics 7 (4), pp. 318-332, 2001.

BERTUGLIA C.S., F. BERTUGLIA, & A. MAGNAGHI (1999). Il museo tra reale e virtuale. Roma: Editori Riuniti.

BODO, S. (Ed.) (2000). Il museo relazionale. Torino: Edizioni Fondazione Giovanni Agnelli.

BOGUN, R. (1997): Lebensstilforschung und Umweltverhalten. Anmerkungen und Fragen zu einem komplexen Verhältnis. In: Brand, K.-W. (Hrsg.): Nachhaltige Entwicklung. Eine Herausforderung an die Soziologie. Opladen: Leske+Budrich. S.211-234.

BORGGRÄFE, K. (1998): Multimediasysteme als ein Element der spielerischen Informationsvermittlung am Beispiel des Erprobungs- und Entwicklungsvorhabens 'Revitalisierung in der Ise-Niederung'. In: Bayerische Akademie für Naturschutz und Landschafspflege (ANL) (Hrsg.): Lehr-, Lern- und Erlebnispfade im Naturschutz. Laufener Seminarbeiträge (7) S. 55-59

BOLSCHO, D. (1995): Umweltbewußtsein zwischen Anspruch und Wirklichkeit – Anmerkungen zu einem Dilemma. Frankfurt/Main: VAS.

BRILLING, OSKAR, KLEBER, EDUARD W. (Hrsg.) (1999): Hand-Wörterbuch Umweltbildung. Baltmannsweiler: Schneider-Verlag Hohengehren.

BROUCHO, L. & MERRIMAN, T. (2002): Personal Interpretation. InterpPress. Fort Col

BUND/ MISEREOR (Hrsg.) (1997): Zukunftsfähiges Deutschland. Vierte, überarbeitete und erweiterte Auflage. Berlin: Birkhäuser.

BYRNE, D. & M. NUGENT (2004): Shared Landscapes: archaeology of attachment and the pastoral industry in New South Wales, Studies in the Cultural Construction of Open Space, Department of Environment and Conservation

CARTER, J. (ED.) (1997): A Sense of Place – an interpretive planning handbook. Tourism and Environment Initiative. PDF sofp.pdf.

DAHRENDORF, R. (1977):Homo sociologicus. Ein Versuch zur Geschichte, Bedeutung und Kritik der sozialen Rolle. 15. Auflage. Opladen: Leske+Budrich.

DEGENHARDT, L. (2002): Nachhaltige Entwicklung und Lebensstile. In: Bolscho, D.; Michelsen, G. (Hrsg.) (2002): Umweltbewusstsein unter dem Leitbild Nachhaltige Entwicklung. Opladen: Leske+Budrich. S.13-46

DE HAAN, G.; KUCKARTZ, U. (1996): Umweltbewußtsein. Denken und Handeln in Umweltkrisen. Opladen: Westdeutscher Verlag.

DE HAAN, G.; KUCKARTZ, U. (Hrsg.) (1998): Umweltbildung und Umweltbewusstsein. Forschungsperspektiven im Kontext nachhaltiger Entwicklung, Opladen.

DEUTSCHE SHELL (2002): Jugend 2002. 14. Shell Jugendstudie. Frankfurt.

DIEKMANN, A.; PREISENDÖRFER, P. (1992): Persönliches Umweltverhalten. Diskrepanzen zwischen Anspruch und Wirklichkeit. In: Kölner Zeitschrift für Soziologie und Sozialpsychologie, Jg. 44, S.226-251.

DIEKMANN, A. (1996): Homo Ökonomicus. Anwendungen und Probleme der Theorie rationalen Handelns im Umweltbereich. In: Kölner Zeitschrift für Soziologie und Sozialpsychologie, Sonderheft 36/1996, S. 89-118.

DIERKES, M.; FIETKAU, H.-J. (1988): Umweltbewußtsein und Umweltverhalten. Stuttgart: Kohlhammer.

DÖRING-SEIBEL, E. (2001): Neue Wege in der Umweltbildung. Mulitmedia als Mittel zum Umwelt- und Systemlernen. In: ALFRED TOEPFER AKADEMIE FÜR NATURSCHUTZ (Hrsg.): Umweltpsychologie – Motivation zum Handeln statt Missionierung. NNA Berichte (14/1), Schneverdingen S. 12-14

ECROYD, D. H. (1993): Talking with Young Visitors in the Parks. Philadelphia, PA: Eastern National Park & Monument Association

EISENBEIS, M. (1999). Designing the museum of the future – Theses on the virtual dimension of museum development in the context of media culture. Paper presented at Memoria Futura: Cultural heritage and information technology: A new perspective? Consulted September 12, 2003. http://maus.gmd.de/imk_web-pre2000/docs/ww/mars/cat/memoria/einsenbeise.htm.

EL-HAKIM, S.F. (2001): Three-dimensional modeling of complex environments. Videometrics and Optical Methods for three-dimensional Shape Measurement, San Jose, Jan 20-26, SPIE Vol. 4309, pp. 162-173, 2001.

EL-HAKIM, S. F. ; BERALDIN, J.A. ; PICARD, M. ; GODIN, G. (2004): Detailed 3D Reconstruction of Large-Scale Heritage Sites with Integrated Techniques ," IEEE Computer Graphics and Applications, May/June 2004, 24 (3), pp. 21-29.

ENO, T. (1996). The work of art in the age of cyber technology, in Nettime Archive. Consulted: http://amsterdam.nettime.org/.

FALK, J. H. & L. D. DIERKING (1992): The Museum Experience.Washington. DC: Whalesback Books.

FUHRER, U.; WÖLFING, S. (1997):Von den sozialen Grundlagen des Umweltbewusstseins zum verantwortlichen Umwelthandeln. Bern: Hans Huber.

FLEMING, R. L. & J. HADDEN EDINGTON (1998): If Walls Could Talk: Telling the Story of a Historic Building to Create a Market Edge. Washington, DC: The National Trust for Historic Preservation.

GODIN, G.; BERALDIN, J. ;TAYLOR, L. ; COURNOYER, M. ; RIOUX, S.F.; EL-HAKIM, R.; BARIBEAU, F. BLAIS, P. BOULANGER, M. PICARD, J. DOMEY (2002): "Active Optical 3D Imaging for Heritage Applications," IEEE Computer, Graphics and Applications, 22 (5), pp. 24-36, 2002.

GRATER, R. K. (1976): The Interpreter's Handbook-Methods, Skills, and Techniques. Globe, AZ: Southwestern Parks and Monuments Association.

GRINDER, A.L. &. S. MCCOY (1985): Good Guide: A Sourcebook for Interpreters, Docents, and Tour Guides.Scottsdale. Ironwood Press.

GRONEMEYER, M. (1996): Das Leben als letzte Gelegenheit. Sicherheitsbedürfnisse und Zeitknappheit. Darmstadt.

HAM, S. (1992): Environmental interpretation: a practical guide for people with big ideas and small budgets. North America Press.

HAUENSCHILD, K.(2002): Kinder in nachhaltigkeitsrelevanten Handlungssituationen. Eine Studie zur Kontrollwahrnehmung. In: Bolscho, D.; Michelsen, G. (Hrsg.): Umweltbewusstsein unter dem Leitbild Nachhaltige Entwicklung. Opladen: Leske+Budrich. S.85-126.

HOPFENBECK, W.; ZIMMER, P. (1993): Umweltorientiertes Tourismusmanagement - Strategien, Checklisten, Fallstudien. Landsberg/Lech.

HOOPER-GREENHILL E. (2000). "Nuovi valori, nuove voci, nuove narrative: l'evoluzione dei modelli comunicativi nei musei d'arte". In S. Bodo (Ed.), Il museo relazionale, Torino: Edizioni Fondazione Giovanni Agnelli.

HERITAGE ENVIRONMENT (1995): Meaning, Method and Madness, Heritage Interpretation in the 1990s. Volume 11, Number 4,

INSTITUT FÜR LÄNDERKUNDE LEIPZIG; BECKER, C.; JOB, H. (Hrsg.) (2000): Nationalatlas Bundesrepublik Deutschland. Freizeit und Tourismus. Heidelberg, Berlin.

KALFF, M. ; EISFELD, J.G.; BÜHRING, U.; FILIPSKI, C.; HELD, A. ; LANGHOLF, H. (2001): Handbuch zur Natur- und Umweltpädagogik. Tuningen.

KNUDSON, D. M.; CABLE, T. & L. BECK (1995): Interpretation of Cultural and Natural Resources. State College. Venture Publishing.

KREISEL, B. (2003): Methoden der „Environmental Interpretation". In: BECKER, C., HOPFINGER, H., STEINECKE, A. (Hrsg.): Handbuch der Freizeit- und Tourismusgeographie. München, Wien. S. 528 - 540.

KROPP, C.; BRUNNER, K.M.: (2004): Ökologisierungspotentiale der privaten Konsum- und Ernährungsmuster. BMBF-Forschungsprojekt: Diskussionspapier zur sozialökologischen Forschung.

KUCKARTZ, U. (2000): Umweltbewusstsein in Deutschland 2000. Ergebnisse einer repräsentativen Bevölkerungsumfrage, hrsg. Vom Bundesministerium für Umwelt, Naturschutz und Reaktorsicherheit, Berlin.

KUCKARTZ, U. (1998): Umweltbewußtsein und Umweltverhalten. Berlin: Springer-Verlag.

LANGEHEINE, R.; LEHMANN, J. (1986): Ein neuer Blick auf die soziale Basis des Umweltbewusstseins. In: Zeitschrift für Soziologie 15 (1986) 55, S.378-384).

LUDE, A. (2005): Naturerfahrung und Umwelthandeln – Neue Ergebnisse aus Untersuchungen mit Jugendlichen. In: UNTERBRUNNER, U.; FORUM UMWELTBILDUNG (Hrsg.): Naturerleben. Neues aus Forschung und Praxis zur Naturerfahrung. Studienverlag, Innsbruck, Wien, Bozen S. 65-84

LEWIS, W. (1995): Interpreting for Park Visitors.Eastern Acorn Press.

LUDE, A. (2001): Naturerfahrung und Naturbewusstsein. Eine empirische Studie. Innsbruck.

LUDWIG, T. (2006): Grundkurs Natur- und Kulturinterpretation – Kurshandbuch. Bildungswerk interpretation, Werleshausen, 96 S. Download am 15.04.2007 von: www.interp.de.

MACHLIS, G. E. & D. R. FIELD (1992): On Interpretation: Sociology for Interpreters of Natural and Cultural History. Corvallis.Oregon State University Press.

MARKS ET AL. (1992) : Anleitung zur Bewertung des Leistungsvermögens des Landschaftshaushaltes. Forschungen zur Deutschen Landeskunde. Band 229. Zentralausschuß für deutsche Landeskunde. Trier.

MEGERLE, H. (2003): Naturerlebnispfade – neue Medien der Umweltbildung und des landschaftsbezogenen Tourismus? Bestandsanalyse, Evaluation und Entwicklung von Qualitätsstandards. Selbstverlag des Geographischen Instituts der Universität Tübingen, Heft 124

MUSEUMS AUSTRALIA (2000): Previous Possessions, New Obligations: Policies for Museums in Australia and Aboriginal and Torres, Strait Islander Peoples

NATIONAL PARK SERVICE (2002). Developing a research agenda: A national heritage areas workshop. Retrieved March 5, 2003 http://www.cr.nps.gov/heritageareas/REP/heritageresearch.pdf

NATIONAL TRUST OF AUSTRALIA (WA): Interpretation Planning Guidelines

NOHL, W. (2001): Landschaftsplanung. Ästhetische und rekreative Aspekte. Berlin, Hannover.

PASCHOWSKI, A. ET AL (1996).: Rahmenkonzept Umweltbildung in Großschutzgebieten WWF-Naturschutzstelle Ost, Potsdam.

PEARSON, M. & S. SULLIVAN (1995): Looking After Heritage Places: The Basics of Heritage Planning for Managers, Landowners and Administrators, Melbourne University Press.

PIERSSENE, A (1999): Explaining our World: an approach to the art of environmental interpretation. E & F Spon.

PINE, J.B. & J.H. GILMORE (1999): The Experience Economy. Harvard Business School Press, Boston, MA.

PREISENDÖRFER, P.; FRANZEN, F. (1996): Der schöne Schein des Umweltbewußtseins. Zu den Ursachen und Konsequenzen von Umwelteinstellungen in der Bevölkerung. In: Kölner Zeitschrift für Soziologie und Sozialpsychologie, Sonderheft 36/1996, S. 219-244.

PREISENDÖRFER, P. (1999): Umwelteinstellungen und Umweltverhalten in Deutschland. Opladen: Leske+Budrich.

RAT VON SACHVERSTÄNDIGEN FÜR UMWELTFRAGEN (1978): Umweltgutachten 1978. Deutscher Bundestag, Drucksache 8/1978.

REGNIER, K, GROSS, M, AND ZIMMERMAN, R (1992): The interpreter's guidebook: techniques for programs and presentations. University of Wisconsin.

REUSSWIG, F. (1994): Lebensstile und Ökologie. Frankfurt/Main: Verlag für interkulturelle Kommunikation

REUSSWIG, F (1999).: Umweltgerechtes Handeln in verschiedenen Lebensstilkontexten. In: Linneweber, Volker; Kals, Elisabeth (Hrsg.) (1999):Berlin: Springer. S49-71.

RISK, P. H. (1993): "Interpretation: A Road to Creative Enlightenment, CRM: Historic Transportation Corridors, Vol. 16, No. 11., S. 47-49.

RÖCHERT, R.; HERTWIG, C.; KUTSCHER, M. MUNRO, P. & S. SOMMER (2006): Emotionalität als Leitbild strategischer Kommunikation – das Nationalpark-Zentrum Königsstuhl. In: Natur und Landschaft. 81. Jahrgang, Heft 3, Verlag W. Kohlhammer, Stuttgart, S.138-145

ROTH, M. (2006): Landschaftsbildanalyse-Landschaftsbildbewertung. In: EISEL, U. & S. KÖRNER (Hrsg.): Landschaft in einer Kultur der Nachhaltigkeit. Band 1. Arbeitsberichte des Fachbereichs Architektur, Stadtplanung und Landschaftsplanung. Heft 163.Kassel.

SACHS, W. (1993): Die 4 E's – Merkposten für einen Maßvollen Wirtschaftsstil. In: Politische Ökologie Spezial, JG.13, H.9/10, S.69-72.

SCHERHORN (1994): Nachhaltiger Konsum –Probleme und Chancen. In: Studieninitiative Wirtschaft und Umwelt e.V. (Hrsg.), S.63-82.

SCHUBERT, K. (2000): Ökologische Lebensstile. Frankfurt/Main: Peter Lang

SCHUSTER, K. (2003): Lebensstil und Akzeptanz von Naturschutz. Heidelberg.

SCHUSTER, K. (2005): Naturschutz und Lebensstile. In: MICHELSEN, G. & J. GODEMANN (Hrsg.): Handbuch Nachhaltigkeitskommunikation – Grundlagen und Praxis. Oekom Verlag, München, 932 S.

SCHMID, W. (2001): Grundzüge einer ökologischen Lebenskunst. In: BUNDESUMWELTAMT (Hrsg.): Perspektiven für die Verankerung des Nachhaltigkeitsleitbildes in der Umweltkommunikation: Chancen, Barrieren und potentiale der Sozialwissenschaften. Berlin: Erich Schmid. S. 151-165.

SCHMIDT-JODIN UND BOPPEL, C. (2002): Jugendliche: Null Bock ist out, aber öko ist (noch) nicht in. LÖBF- Mitteilungen 3/02.

STRIHLER, A. (1998): Die Entstehung des modernen Konsums. Berlin: Duncker und Humblot.

SOUCY, M. ; GODIN, G. ; BARIBEAU, R. ; BLAIS, F. ; RIOUX, M.(1996): Sensors and algorithms for the construction of digital 3-D colour models of real objects," Proc. of the IEEE ICIP, V. 2, pp. 409-412, 1996.

STUMPFEL, J.; YUN, T. ; MARTINEZ, P. ; HAWKINS, T. ; JONES, A. ; EMERSON, B. ; DEBEVEC, P. (2003): Digital Reunification of the Parthenon and its Sculptures," 4th International Symposium on Virtual Reality, Archaeology and Intelligent Cultural Heritage, Brighton, UK.

THE ILLUSTRATED BURRA CHARTER (2004): good practice for heritage places

TILDEN, F. (1957): Interpreting our Heritage. University of North Carolina Press.

TRAPP, S, GROSS, M, AND ZIMMERMAN, R. (1992): Signs, trails and wayside exhibits: connecting people and places. University of Wisconsin. 1992

TRANSINTERPRET (2007): http://transinterpret.brain-tec.ch/

ENO, T. (1996). The work of art in the age of cyber technology, in Nettime Archive. Consulted: http://amsterdam.nettime.org/.

UZZELL, D. (1989) Heritage Interpretation Volumes I and II. Methuen, London.

UZZELL, D, BALLANTYNE, R. (1998) Contemporary Issues in Heritage and Environmental Interpretation.London.

VEVERKA, J. (1994) Interpretive Master Planning. Falcon Press

VEVERKA, J. (1992): "An objective look at interpretation". John Veverka & Associates, MI.

VÖLLM, S. (2006): Den Weg zur Wildnis sichtbar. Unveröffentl. Diplomarbeit am Fachgebiet Landschaftsökologie und Naturschutz. Uni- Greifswald

VON OECH, R. (1989): A Kick In The Seat Of the Pants. Harper & Row Publishers, New York, NY.

VON OECH, R. (1990): A Whack on the Side of the Head. Warner Books, Inc. New York, NY.

WALKER, M. & P. MARQUIS KYLE (2004): The Illustrated Burra Charter: good practice for heritage places, Australia ICOMOS

WARSEWA, G. (1997): Moderne Lebensweise und ökologische Korrektheit. In: Brand, K.-W. (Hrsg.): Nachhaltige Entwicklung. Eine Herausforderung an die Soziologie. Opladen: Leske+Budrich. S.195-210.

WCED -WELTKOMMISSION FÜR UMWELT UND ENTWICKLUNG- (1987): Unsere gemeinsame Zukunft. Brundtland-Bericht. Greven: Druckhaus Cramer.

ZIEGENSPECK, J. (1996): Erlebnispädadogik - Entwicklungen und Trends. In: Spektrum Freizeit (= Forum für Wissenschaft, Politik & Praxis, H. 1), S. 51 - 58.

ZEHR, J, GROSS, M, AND ZIMMERMAN, R. (1992): Creating environmental publications: a guide to writing and designing for interpreters and environmental educators.

Internetquellen

www.ahc.gov.au
www.alpenvereinsjugend.at
www.arge-naturschutz.at
www.banffheritagetourism.com/bht/studies_ntijah.htm
www.depts.ttu.edu/museumttu/heritageMgt.html
www.dib.boku.ac.at/iwj.html
www.dur.ac.uk/geography/staff/geogstaffhidden/?mode=staff&id=336
www.enamecenter.org/content/view/98/37
www.enamecenter.org/content/view/98/37 - 19k
www.enamecharter.org/downloads/ICOMOS_Ename_Charter_ENG_12-12-06.pdf -
www.gse.mq.edu.au/Handbook/units/EPG918.shtml - 40k
http://www.geographie.uni-freiburg.de/ipg/forschung/ap6/interpret-europe/Downloads/publications/children.pdf
www.heideldesign.com/web/massie_heritage_interpretation_center.php
www.heritage.nsw.gov.au
www.heritageinterp.com
www.heritageinterpretation.org.uk
www.heritage-interpretation.org.uk/journals/j2c-shell.html - 28k -
www.heritage.umd.edu/CHRSWeb/Programs/Education/Continuing%20Education.htm
www.historians.prg.au
www.interpcan.ca
www.interp.de.
www.icomos.org.au
www.icomos.org/usicomos/Symposium/SYMP05/Charleston_Declaration.htm - 27k
www.interpretationaustralia.asn.au
www.interpretationaustralia.asn.au/infofiles/Awards/Interpretation%202004Nomination%20Cat1.pdf
http://www.interpretaciondelpatrimonio.com/
www.interpretscotland.org.uk
www.ntwa.com.au
www.nationalparks.nsw.gov.au
www.naturparke.at
http://siba3.unile.it/ctle/3ddb/ei2005/ei2005_paper.pdf
www.np-thayatal.at
www.umweltdachverband.at
http://www.univie.ac.at/soziologie-statistik/multi/ZA3398.PDF
www.vavoe.at
www.verein-naturfuehrer.at
www.waldpaedagogik.at
www.wayanad.org/conference/paper_presentation.htm
http://www.geogr.uni-goettingen.de/kus/Zelt/schriften/ZELTSchriften2_1.pdf

Organisationen und Netzwerke

National Association for Interpretation (USA)
www.interpnet.com

Interpretation Canada
www.interpcan.ca

Interpretation Australia Association
www.interpretationaustralia.asn.au

Europäisches Netzwerk für Natur- und Kulturinterpretation
www.interpret-europe.net

Association for Heritage Interpretation (UK)
www.heritageinterpretation.org.uk

Scottish Interpretation Network
www.scotinterpnet.org.uk

The National Association for Interpretation (US)

The Society for the Interpretation of Britain's Heritage

Interpret Europe

Scottish Interpretation Network

Association for Living History, Farms and Agricultural Museums.

www.alhfam.org

American Association for State and Local History. www.aaslh.org

American Association of Museums (AAM) www.aam-us.org

Association of Science & Technology Centers www.astc.org/astc/astchome.htm

American Zoo & Aquarium Association www.aza.org

The International Wolf Center - www.wolf.org

Visitor Studies Association http://museum.cl.msu.edu/vsa

Museums Hotlist.. sln.fi.edu/tfi/hotlists/museums.html.

Park Ranger on the Web: www.geocities.com/yosemite/6081

Museum Association (ENGLAND): www.museumsassociation.org

The 24 Hour Museum - National Museum Gateway :www.24hourmuseum.org.uk

http://www.Naturalistonline.com is a new web site (2003) that offers a wealth of resources to interpretive naturalists and environmental educators.